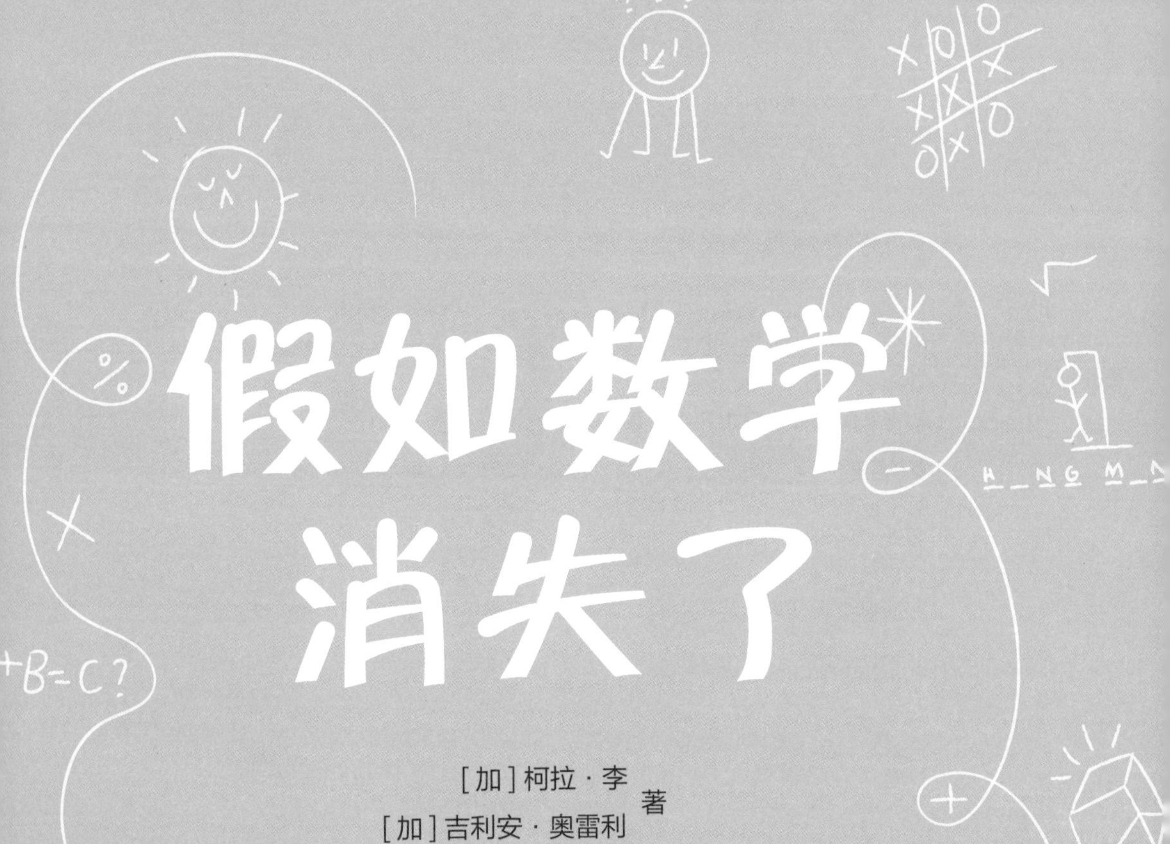


# 假如数学消失了


[加] 柯拉 · 李
[加] 吉利安 · 奥雷利 著
[加] 里尔 · 克伦普 绘
肖涵予 译

人民文学出版社 天天出版社

**著作权合同登记：**图字 01-2022-6644

- Original title: The Great Number Rumble
- Originally published in North America by: Annick Press Ltd.


**图书在版编目（CIP）数据**

假如数学消失了 / (加) 柯拉・李, (加) 吉利安・奥雷利著 ; (加) 里尔・克伦普绘 ; 肖涵予译. --
北京:天天出版社, 2023.8（2024.7重印）
ISBN 978-7-5016-2115-6

Ⅰ.①假… Ⅱ.①柯… ②吉… ③里… ④肖… Ⅲ.①数学－少儿读物 Ⅳ.①O1-49

中国国家版本馆CIP数据核字(2023)第117371号

**责任编辑：**王晓锐　　**美术编辑：**丁　妮
**责任印制：**康远超　张　璞

**出版发行：**天天出版社有限责任公司
**地址：**北京市东城区东中街 42 号　　**邮编：**100027
**市场部：**010-64169902　　**传真：**010-64169902
**网址：**http://www.tiantianpublishing.com
**邮箱：**tiantiancbs@163.com

**印刷：**北京博海升彩色印刷有限公司　　**经销：**全国新华书店等
**开本：**710×1000　1/16　　**印张：**6.25
**版次：**2023 年 8 月北京第 1 版　　**印次：**2024 年 7 月第 3 次印刷
**字数：**72 千字

**书号：**978-7-5016-2115-6　　**定价：**35.00 元

# 目录

# 1

# 不用学数学了！

我的朋友山姆对数学疯狂地痴迷，但是我，杰瑞米，觉得数学可有可无。数学跟我没什么关系，没有数学我也一样过日子。只是在做数学作业的时候，我不得不依赖计算器的帮助。至少我以前是这样认为的，直到发生了一场大辩论——我把它叫作数学大骚动。那一天……等等，先介绍一下我的朋友山姆。

发生数学大骚动的时候，山姆刚搬来这里没多久。一开始，大家都觉得山姆跟我很像：高个子，黑皮肤，长得很帅气，不同的是我长着红头发和雀斑。好吧，“长得很帅气”可能只是我一厢情愿的想法，至少我算不上帅气。不过我们确实有很多共同爱好，比如骑自行车和听音乐。

但是我们有一个非常大的不同之处：他对数字以及任何与数学有关系的事情都非常着迷。

不过，他也没有整个暑假都在埋头

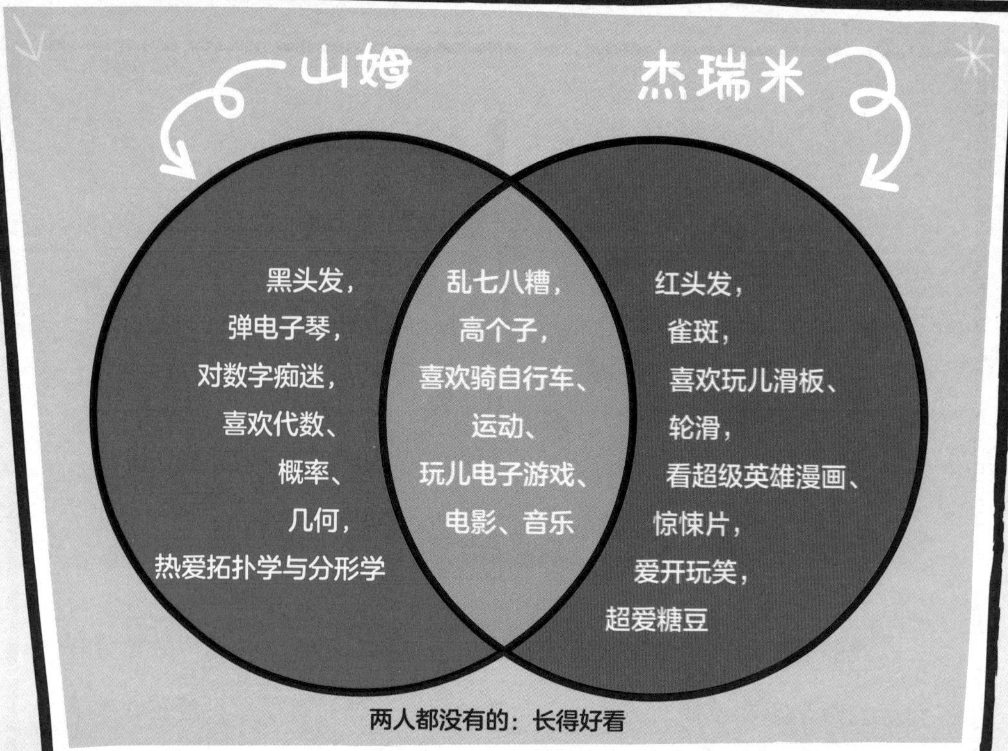

山姆

杰瑞米

黑头发，
弹电子琴，
对数字痴迷，
喜欢代数、
概率、
几何，
热爱拓扑学与分形学

乱七八糟，
高个子，
喜欢骑自行车、
运动、
玩儿电子游戏、
电影、音乐

红头发，
雀斑，
喜欢玩儿滑板、
轮滑，
看超级英雄漫画、
惊悚片，
爱开玩笑，
超爱糖豆

两人都没有的：长得好看

维恩图是什么？维恩图用于展示几组叫作元素的东西之间的关系。第一个圆，也就是山姆组，里面里所有的元素都是关于山姆的；杰瑞米组里面所有的元素，当然了，都是关于杰瑞米的。他们俩为什么能成为朋友呢？这就要看两组的交集——两个圆相交的部分：他们俩的确有很多相同之处！那两个圆以外的部分又表示什么呢？其实就是他们都没有的元素。

学习。从我们认识的那一天起，就常常在一起玩闹——游泳、骑自行车、打电子游戏。要不然就是山姆查看着滑板小知识，我练习着跳跃。有时候，实际上大多数时候，都是我一边看漫画，山姆一边喂我吃糖豆。很快我就习惯了身边有山姆这个朋友，一个用数字、形状和程式这样独特的方式来看世界的普通男孩。

开学以后，同学们都觉得山姆要么是个天才，要么是个怪才，不知道他到底属于哪一类。不过，因为同学们都知道我看人很准，所以他们很快就接纳了山姆，尽管他们并不总能理解他。山姆更喜欢“数学迷”这个词，他觉得这个词可以用来形容所有人，不光是他一个人。我说才不是，反正我不是。可山姆说我们生来都是热爱数学的，不管我们中间有的人迷失了多远（咳咳）。我不太赞同这种说法，但也没有跟他争论。

不过，山姆很低调，对自己的天赋不以为然。“数学没有什么特别的。”他常说，“任何地方、任何事物中都有数学的存在，我们每个人每

**杰瑞米讲解小知识**

山姆说科学家已经证实，刚出生两天的婴儿就能区分事物的数量了。那么按照这些科学家的说法，在我还是个婴儿的时候，一张接着一张地看印着两个点的图片，不管这两个点怎么排列，都会让我觉得很没趣；可是一旦换成三个点的图片，我又马上兴奋起来了。几个月后，我就能区分更大的数字了，比如 8 和 16。五个月大的时候，要是你告诉我一个玩具加一个玩具等于三个玩具，会让我不高兴。而九个月大的时候，我就知道 5 加 5 等于 10 了！

时每刻都在运用数学，并不只有我一个人这样。”

然而有一天，山姆需要证实他这番话了，因为有一件最意想不到的事情发生了。这还得从一位记者发布的一条爆红的博客说起。

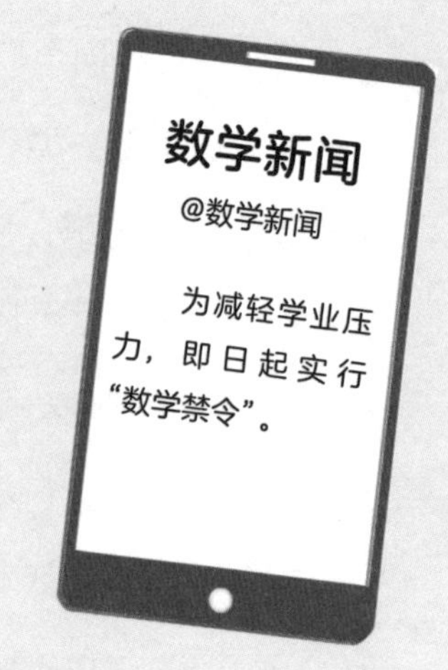


教育部部长劳伦斯·雷克宣布，要把数学教育从学校的课程体系中去除，即时生效。

听到这个消息后，山姆愤怒极了。他从地上捡起昨天穿过的衣服，匆匆套上（嘿，“数学迷”也跟我们普通人一样不讲究呀），就冲到我家了，

**你没看错，这是一条爆炸性新闻！**你也并没有在数学课上睡过去，然后在生物课上醒来。当一条博客爆红时，就像流感那样传播，甚至更快（你说是转发一条博客快还是打喷嚏快？）。这也叫作“指数增长”。比方说，一条博客被转发 20 次，然后这 20 条又分别被转发 20 次，依此类推。不过博客的传播很少有像疫情那么大的范围，所以病毒传播是医学界的噩梦，而博客的爆红则是用户的美梦。

可想而知他当时有多生气。他平常可是穿衣搭配的高手——他会用计算机把衣服搭配做成图表来进行组合，甚至可以几乎一年穿得不重样。

山姆来到我家门口的时候已经气得快爆炸了：“杰瑞米，你听说了吗，以后没有数学课了！”

**你说什么？**没衣服穿？仅用 2 件衬衫、4 条裤子和 2 双鞋就能穿出 16 种搭配。

"说实话，这对我来说倒是个不错的消息。"我回答。当然，这个回答让他更生气了。

"你开什么玩笑？我们再也不能学几何和图表了，而且很可能概率也不能学了。他们怎么能这么干！"

在去学校的路上，他一直不停地抱怨。他说的话有一半我都没听明白——算法、对数、迭代、密铺——不过我也不关心，只是任由他随意发泄。

我们来到学校的时候，学校就像个马戏团似的混乱不堪。可回收垃圾桶里塞满了数学书和笔记本，同学们把尺子，甚至计算器都扔得到处都是。连老师们也是这样。你可能没看到诺顿老师笑得多开心，我早就

大部分人都有一种最喜欢的冰激凌口味，可是"数学迷"们到了冰激凌店就会考虑所有的选择！首先是组合：如果选两种不同口味的冰激凌球，不分上下位置，最多有多少种双球冰激凌的选择？然后是排列：如果区分不同口味的上下位置，又有多少种？

“数学禁令”即日生效

知道她讨厌教数学了。

新闻媒体也来了。

其中一名记者把话筒伸到我面前，问："小朋友，对于从此不再学数学这个政策你怎么看？我猜你一定很高兴吧？"

"我没什么意见啊！"我说。

"你开玩笑吧？"山姆把我推向一边，"这主意简直太疯狂了！部长到底知不知道要是实行了这个禁令，会给我们带来多大的损失？数学值得我们学习的原因太多了！只要给我一个下午的时间跟雷克先生聊一聊，我就能让他知道他有多需要数学！"

"好主意！"学校图书管理员凯老师插话说，"那么我们就在学校这儿组织一场小辩论吧，这对山姆、杰瑞米和其他孩子来说都是一个绝好的学习机会啊！"

**杰瑞米讲解小知识**

我用"混乱"这个词，是因为当时的场面的确乱作一团。可是山姆说，在数学中，即使形势一直在变化并且不可预测，但是在混乱的表象之下也一定有完美的逻辑存在。这是因为初始时小小的变化，会让结果有巨大的差异。这就是"蝴蝶效应"。比如，在气象系统中，蝴蝶轻轻拍打翅膀带来的气流引起的变化，可能会造成几个月以后地球另一端的一场风暴。

# 毕达哥拉斯

## （约公元前560—约公元前480）

“万物皆数”是这位古希腊哲学家和数学家给他的神秘社团选择的一条完美的座右铭。社团的纪律很严苛，比方说起誓要保守秘密，不能有私人财产、群居、不吃肉等，但是他们的目标很简单：寻找世界万物皆由数字组成的证据。

C
B
A

自称毕达哥拉斯学派门生的这些人得到了一些奇怪的结论，比如数字有自己的性格、性别等特征。不过他们很多其他发现都非常有智慧，其中就包括现在非常著名的毕达哥拉斯定理——勾股定理（$a^2+b^2=c^2$），用来描述任何直角三角形三边长的关系。

世界万物由数字组成的证据越来越多（至少社团的成员这样认为）。可是这时，灾难发生了。毕达哥拉斯学派的一个叫希帕索斯的门生发现 2 的平方根无法用整数比来表示。接着，为了掩盖这个发现，希帕索斯在违背了秘密誓言之后被一群狂热分子淹死了。而毕达哥拉斯死后，社团也慢慢失去了影响力，最后自己解散了。

数学是什么？数学是用来解释数量、形状和空间的，是用来探索这些事物之间的关系和共存模式的。数学远远不仅仅是数字。那么，数学是什么？真正应该问的问题是：什么不是数学？

那名记者十分赞同，马上掏出手机给教育部部长打电话，问他能否来学校见一位对这项新政策表示担忧的学生。随后记者挂断电话，向我们点点头，说："他笑了，不过他很乐意午饭的时候过来一趟。那我们到时候再在这儿见了。"

离开时，我瞥到凯老师的脸，她为什么看起来这么高兴呢？

# 2

# “数学队”接受挑战!

消息很快就传开了，中午当我跟山姆走进体育馆的时候，里面几乎已经挤满了人。除了记者、电视台的人、我们的老师、校长、副校长、教育部部长以外，还有很多同学。

“山姆，我知道你很喜欢数学，可我觉得数学没什么意思。”我说，“我觉得跟我想法一样的人肯定比跟你想法一样的人要多。教育部部长也一定恨透了数学。你要怎么说服他呢？”

“别担心。”他回答，“我想好策略了，候补方案也有了。”

不管他的方案策略是什么，我都不太希望他成功，但不管怎么说，山姆是我的朋友，我也不想看他出洋相。我耸了耸肩，跟着他穿过人群，在最前面找了个观看的好位置坐下来。

凯老师分别介绍了山姆和雷克部长，然后让部长先发言。部长走到话筒前，微笑着向观众点头示意。

“好了，好了。”他对山姆说，“我听说你对我把数学教育从课程体系中去除的决定有一些异议。这是为什么呢？你会想念那些无理数、虚数吗？实数已经够让我们头疼了，不是吗？”他环顾四周，想看看我们对他的这个玩笑的反应，“你们这些孩子需要的只是基本的算数而已：加减乘除。也许连这些都用不上，毕竟计算器不就是用来干这个的吗？还是你们会想念那些绕来绕去的术语？我向你保证，那些你也用不上。你上次听别人告诉你‘他比你妹妹年龄的平方根的四倍小八岁’是什么时候？”

## 杰瑞米讲解小知识

数字都是一回事，对吗？“错！”山姆会告诉你。

自然数：那些你能用来数物体个数的数字，如 1、2、3……

非负整数：0、1、2、3……早期的欧洲人认为印度人发明的数字 0 是恶魔，毕竟，怎么能用一个数字表示什么都没有呢？

整数：非负整数加上负数整数，如 -3、-2、-1、0、1、2、3……

有理数：能用小数（如 0.25）或者分数，也就是两个整数之比（如 1/2），来表示的数。

无理数：不能用分数或小数点来表示的数，因为它们无穷无尽，并且看不出任何有规律的重复，比如圆周率（π，又写作 3.141592653……）或者 2 的平方根（写作 $\sqrt{2}$，或 1.41421356……），这样的数是无理的。就是无理数导致希帕索斯被杀！

虚数：很重要！实数乘以虚数单位 i，用来表示负数的平方根，这对实数来说，逻辑上是不可能的。

哇，等等！我们能不能像巴西皮拉罕部落的人那样，只使用1和2这样一些数字？

不难看出，部长觉得自己的发言很机智，他继续说道："有什么想法就大胆地说出来，我一定能帮你明白这个决定的正确性。"

"不一定吧。"山姆一脸严肃地说，"事实上，我敢打个小赌，赌你的决定是错误的。"

"打赌？"部长笑道。

"对！"山姆说，"我能说服你和这里的每一个人，数学不但很重要，而且很有趣，我们做的每一件事都离不开数学。要是我不能让你改变主意，我保证这一整年放学以后都给你打工。"

"免费吗？你可别太自信了。"部长说。

**山姆打赌能赢吗？**有多大的机会赢呢？概率跟猜测差不多，是用来预测一件事情发生的可能性的。一件一定会发生的事情，它的概率是 1；一件事一定不会发生，那么概率就是 0。在 1 与 0 之间的数字，代表着可能性的高低。要是正好在中间，事情发生的可能性一样大，概率就是 0.5，也就是人们常说的一半一半。接着看吧！

我倒吸了一口气，这个赌注对山姆来说可不小。

"不是，我想提议，你第一天付我一分钱，第二天翻倍付我两分钱，第三天付我四分钱，依此类推。"

"这样你可发不了财啊。"部长笑了，"不过行吧，一言为定。"

部长握了握山姆的手，一脸得意地笑着回到了他的座位上。

我看到校长张开嘴想说什么，可这时他看到凯老师冲他眨了眨眼，便什么也没说，也冲她眨了下眼。可我不明白他们是什么意思。

“好吧，那我们现在就从这运动中心开始说起吧！”山姆说道，在麦克风前站定。

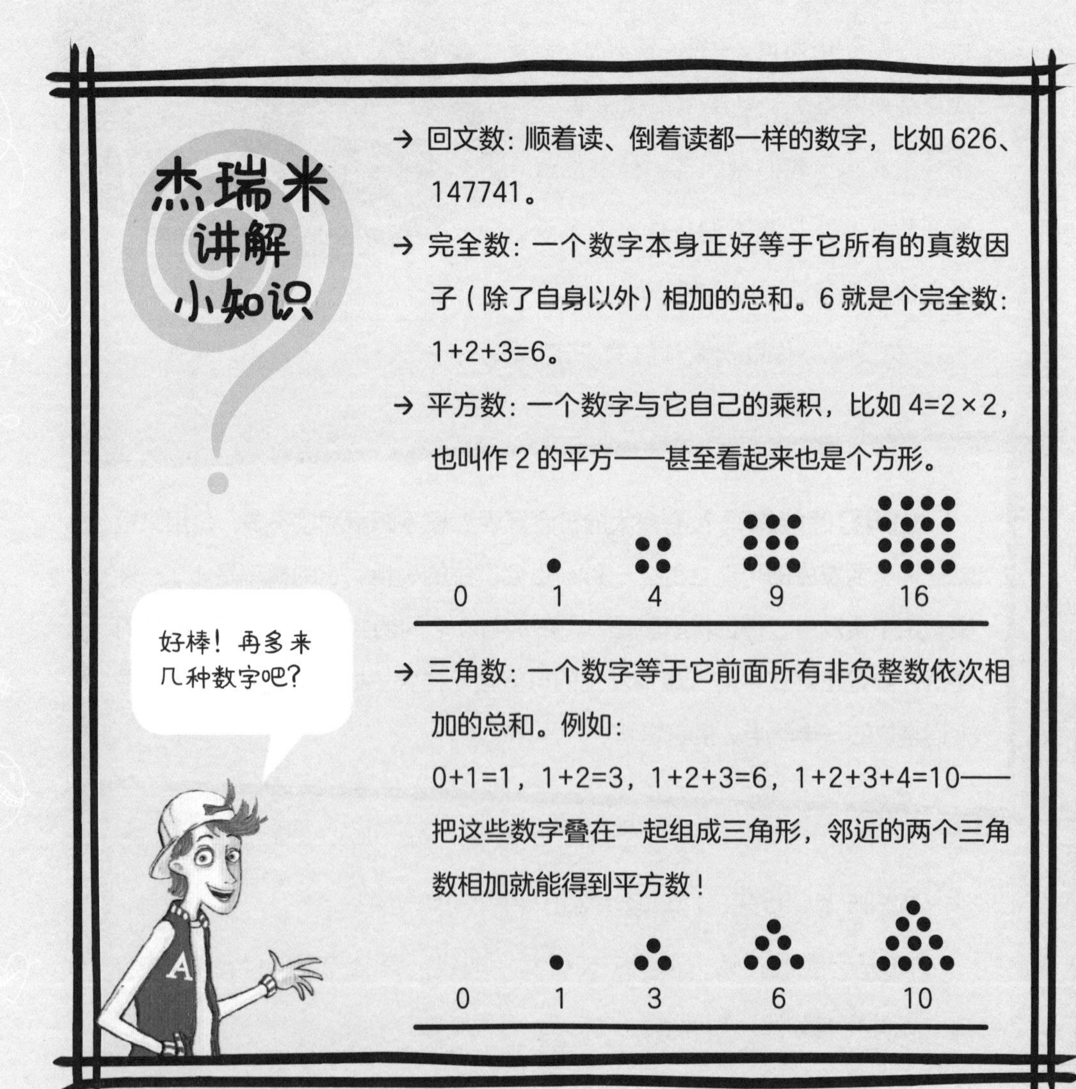


→ 回文数：顺着读、倒着读都一样的数字，比如 626、147741。

→ 完全数：一个数字本身正好等于它所有的真数因子（除了自身以外）相加的总和。6 就是个完全数：1+2+3=6。

→ 平方数：一个数字与它自己的乘积，比如 4=2×2，也叫作 2 的平方——甚至看起来也是个方形。

→ 三角数：一个数字等于它前面所有非负整数依次相加的总和。例如：

0+1=1，1+2=3，1+2+3=6，1+2+3+4=10——把这些数字叠在一起组成三角形，邻近的两个三角数相加就能得到平方数！

“你确定吗，孩子？这儿可没啥数学啊！”

山姆冷静地看着他说：“数学就在你的眼前。”山姆向我们的朋友艾米丽挥了挥手。艾米丽为了参加下一次骑行比赛，刚训练完回到学校。

“嗨，山姆！您好，雷克先生！”她把自行车往墙上一靠，说，“我能帮上什么忙吗？我的意思是，我不讨厌数学，不过它好像的确跟我没什么关系。”

“当然有关系。”山姆说，“骑自行车就是数学——是运动中的几何。”

就这样，这场精彩的辩论开始了。

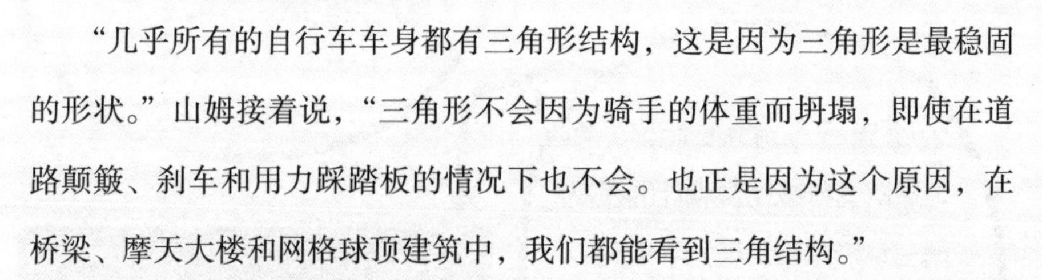

“几乎所有的自行车车身都有三角形结构，这是因为三角形是最稳固的形状。”山姆接着说，“三角形不会因为骑手的体重而坍塌，即使在道路颠簸、刹车和用力踩踏板的情况下也不会。也正是因为这个原因，在桥梁、摩天大楼和网格球顶建筑中，我们都能看到三角结构。”

“可惜这也不能让我在上坡的时候骑得轻松点儿。”我想起了从学校回家的路，“我从来没有完全不停地一口气骑上去。”

“其实，这种情况几何也能帮到你——圆圈的大小和比例。”山姆回答。

“好吧，车轮是两个圆圈。”我说，“当然了，圆圈会滚动，可是上坡的时候这两个圆圈只会想往下滚！”

**山地车**是用来在野外骑行的，可以骑着它蹚过溪流，在石块上颠簸。宽而矮的三角形车架，意味着你能离地面更近，使你更容易保持平衡，并且不易倾倒。

**小轮车**最适合飞跃！车架后部的超细三角形让你紧贴地面，从而非常稳定。这让你在跳跃、旋转，以及在高低起伏的路面上飞驰时能更好地控制车身的倾斜。

**公路自行车**有为长距离、平坦道路骑行或比赛设计的瘦高型三角形车架。因为不需要旋转、跳跃或急转弯，一般没有倾翻的问题，瘦高型车架可以给双腿提供足够的空间，能更舒适地踩脚踏板。

“我不是说车轮，”山姆说，“我指的是整个踏板—变速器—链条组合，就是受到了圆圈大小和比例的启发。”

“传动比是指前齿轮和后齿轮大小的比例，用来控制每踩一次脚踏板车轮转动的次数。”山姆接着说，“高传动比（大的前齿轮，小的后齿轮）使人每踩一次脚踏板，车轮转动的次数更多。”

“高传动比最适合在平路上骑行，每蹬一次踏板都能行驶最远的距离。”艾米丽补充道。

“没错。”山姆说，“不过骑上坡路就不同了，那个时候，谁会在乎行驶的距离。你得赶快调低挡速，也就是低传动比（小前齿轮，大后齿轮），牺牲每踩一次踏板行驶的距离来让上坡变得更容易。”

我说什么来着，在山姆眼里，一切都是由形状和图案组成的，在他眼里，自行车就是一个个三角形和圆圈。

## 杰瑞米讲解小知识

方形轮胎的自行车叫什么？毫无用处的东西——哈哈！不过，没开玩笑，山姆告诉我真的有一个叫斯坦 · 瓦格纳的数学教授造了一辆方轮子的自行车！当然，他还得自己造一条适合方轮子的路，这条路要有排列形状和尺寸都刚好的、间隔相等的凸起，他把这些凸起叫作“倒悬链线”。悬链线指的是如果你两只手分别拿着一条跳绳或者一段链条的两端，跳绳或链条下垂形成的弧线。想象一下，瓦格纳教授的奇怪的车轮子在一排倒着的悬链线上面滚过。

五边形的轮胎也能从“倒悬链线”组成的路上滚过，不过这些凸起需要更平，长度更短；六边形轮胎需要的凸起则更小。实际上，轮胎的边越多，这些凸起就得越平越短。那么，要是一直给轮胎加更多的边又会怎样呢？你猜对了——一个圆形的轮胎在平地上滚动！

艾米丽听得入迷了，她十分乐意了解她的爱好背后的科学知识。可是雷克先生不以为然。“自行车就是自行车。”他说，“上坡只需要使劲儿踩踏板，而不是靠思考那么多数字图形。”

山姆又准备好了一个例子。“打篮球也能用到数学。”他说着从旁边的筐里拿起一个篮球，“只需要调整投篮的角度，就能提高命中率。如果角度不是数学，那还有什么是数学？

“角度对踢足球、掷铅球、投标枪、扔铁饼，甚至丢装满水的气球来说，都非常有用。在我站的这个地方……”山姆说着，嗖的一声把球投进了篮筐，“这就是个完美的角度。”

“太棒了！”艾米丽说。一些同学跳了起来，开始从大、中、小不同的角度练习投篮。体育馆里闹腾了一会儿，不过副校长随身揣着的声音响亮的口哨，很快就让大家恢复了纪律。

“抱歉。”雷克先生摇摇头，“要是你想说服我说数学是我们生活中的一部分，还得再加把劲啊！有多少孩子爱体育爱到真得用上数学的？”

山姆微微一笑，说，“你说得没错，专业的运动员只占很小的百分比，一个样本更大的调查才能更好地反映大部分人的情况。你刚用了统计来证实你的观点！”

一些同学笑出声来。真搞笑，按照山姆的说法，部长不自觉地就用了数学知识来告诉我们，不能用一小群体育迷来代表我们所有人。

雷克先生皱了皱眉，一脸疑惑地看着山姆：“统计？我肯定不是那个意思。我只是说我们看问题不能以偏概全，要看到事情的整个画面。”

“你是说画面吗？”

说话的是奥斯卡。糟糕，这可对山姆不利。山姆是一个热爱数字和被抛起来的东西一定会落下……这最早是艾萨克 · 牛顿提出的。在此基础上，我们知道：篮球从被抛起到落下的运动轨迹是一条抛物线。一开始篮球向高处、远处运动，可是由于重力的作用，篮球开始下落。篮球能被扔出多远，在很大程度上得看一开始你投球的角度。

如果你从太低的角度投球——其余的投球因素不变——球还没飞多远重力就会让它落下去。

如果你投得太高，向上的距离会很长，而向前的距离就会很短。

要是你想让球飞行的距离最远的话，中等角度——45 度，是最佳角度。

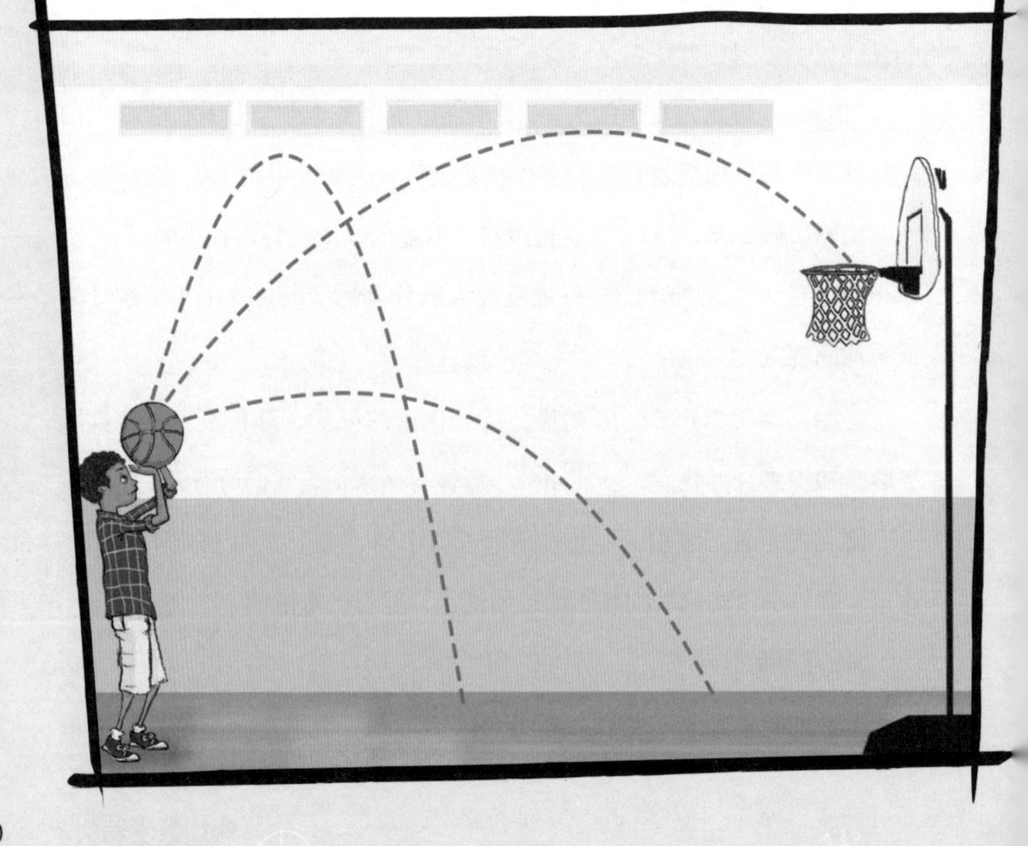

# 阿基米德

（公元前287—公元前212）

古希腊数学家阿基米德发现了圆周率、求球形和圆柱体的体积和表面积的方法，发明了多种用于战争的武器，还给我们留下了一句当我们想到绝妙的主意的时候可以用的名言。有一天他进入浴缸时，水从浴缸里漫了出来，这让他突然有了灵感，可以解决一个困扰他的难题——锡拉库萨的国王想知道他的新皇冠是纯金的还是掺入其他金属的假货。阿基米德意识到，金银合成的假货要比纯金皇冠溢出来的水更多。他激动地跳出浴缸，一路裸奔穿过大街小巷，大叫："我想出来了！"

他还能比这更聪明吗？一份古老的手稿证明他真的可以！当科学家用现代技术破译了一本古老的祷告书里的文字时，他们发现了更多阿基米德的理念。显然，他懂得极限，甚至知道微积分——大家原本认为他死后 2000 年才发明的数学概念。可惜的是，正是他对数学的热爱让他葬送了性命。当锡拉库萨被罗马人占领以后，他因为坚持要先解完他的几何题再跟一个士兵走，结果被这个没有耐心的士兵一剑刺死了。

阿基米德身边的人一直都希望他的下一个伟大发明是吸水浴垫。

对于一个 1.98 米的球员来说，52 度是罚球时最佳的投篮角度。

逻辑的人，而奥斯卡是个只想着创意和情感的人。他非常擅长艺术，数学却很差——他也不在乎别人知道这一点。

“要是你还想把数学争取回来的话，最好别提这茬哟，小山姆。”奥斯卡说，“艺术和数学没有任何交集，数学就是数字，跟艺术毫不相干。”

“那么事实一定会让你大吃一惊。”山姆回答道。

等等，山姆又想说什么？我猜我马上就能得到答案，因为山姆正带着大家离开体育馆。

# 3

# “艺数”杰作

山姆领着我们来到了美术室，人很多，房间里快挤不下了。我十分困惑——这里的东西可都跟数学不沾边儿。

“带我们来这儿做什么？”奥斯卡冷笑道，“你当我们是在幼儿园呢，就只用画画各种形状？真正的艺术家可不是这么创作的。”

“M.C. 埃舍尔是个真正的艺术家吧？”山姆指着墙上的一幅画问道。

“莫里茨 · 科内利斯 · 埃舍尔？”奥斯卡问，“他当然是个真正的艺术家——是 20 世纪伟大的平面艺术家——不是数学家。”奥斯卡强调说。

“没错。”山姆说，“埃舍尔不是数学家，可你看看他的艺术作品，里面充满了数学元素。他的很多让人眼花缭乱的错觉艺术都用到了密铺，就像他那幅图，蜥蜴来回穿梭在背景中，永无止境。”看我一头雾水，他补充道，“可以用来密铺的形状刚好可以镶嵌在一起，不会有任何空隙，也不会重叠。你得将这些图案紧密连接在一起，不留空隙，就像我运动鞋底的图案或是足球表面的图样。”

“你是在拿埃舍尔的艺术跟你球鞋底作比较吗？”奥斯卡一脸不敢置信。

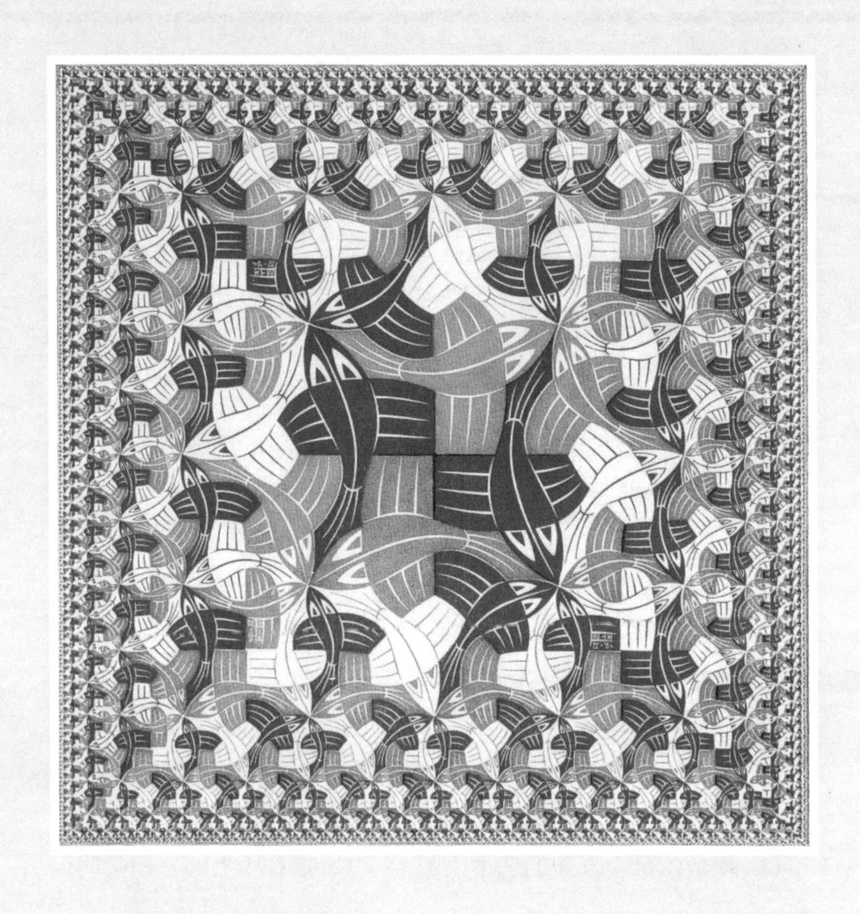

“不全是，最简单的密铺是……”山姆说，“等等，我展示给你看。”他走到一张摆满纸笔和各种创作工具的桌子旁，在一块泡沫纸上剪下来一个形状，“杰瑞米，把颜料拿过来，我们来搞点儿艺术创作。”

我们一边蘸颜料印图形，山姆一边接着说：“就像我刚才说的，最简单的密铺只需要用一个每个角和边都一样的形状就能完成，比如三角形、正方形和六边形。用两个或两个以上的形状镶嵌成的密铺更复杂一点儿。然后就是埃舍尔镶嵌图形，不过连埃舍尔最复杂的错觉艺术也是从简单的形状开始的。”

## DIY：简易版埃舍尔镶嵌图形！

工具：剪刀、胶带、两罐颜料（不同的颜色）、海报纸和一袋手工泡沫纸。

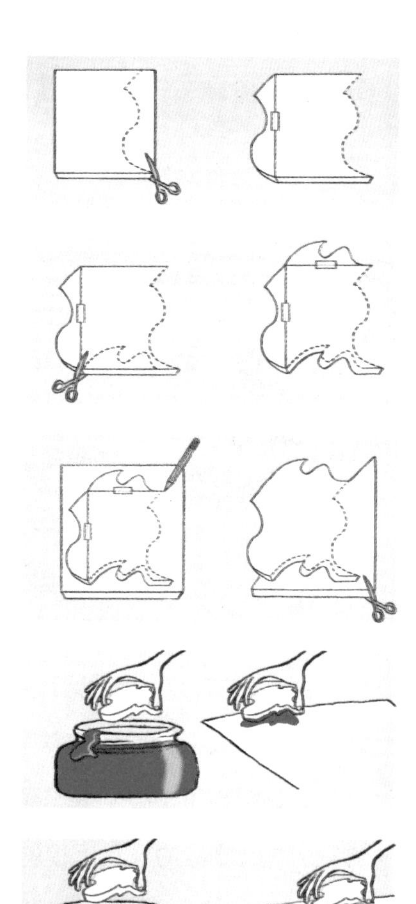

1. 在一张正方形的泡沫纸的一边，沿着一条弯弯曲曲的线剪下来一块，然后用胶带把它贴在正方形的对边。（所有从一边剪下来的部分，都要粘在它的对边）
2. 在正方形的底部剪出一块，将它贴在顶部。
3. 把粘贴后的图形放在另一张泡沫纸上，剪出一块同样的形状。（两块图形的每一条边都得完全重合）
4. 把其中一块图形放入颜料罐蘸上颜料，然后在海报纸的左上角印出图样。
5. 把另一块同样的图形放入另一种颜料罐，然后在海报纸第一个图形的旁边印出图样。
6. 重复这两个步骤，轮流使用两种颜料，从左到右，从上到下，在海报上印出图样。

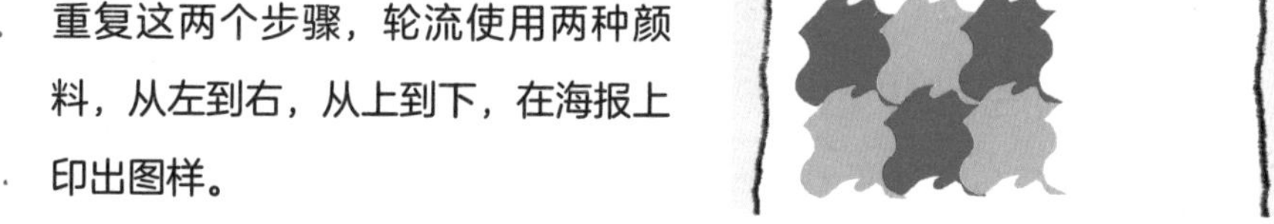

完成！只需要六个步骤就能完成一幅属于你的杰作！

“这可不是埃舍尔。”奥斯卡看都没怎么看我们的作品便说道，“好吧，就算你说得对——这是数学。随你怎么说，但那不过是平面艺术。我更喜欢看起来真实的艺术，数学就没有用武之地了。”

“你是开玩笑的吗？那 CGI（Computer-generated imagery 的简称，指计算机三维动画）算吗？在动画片或动作片里，那些看起来最真实的画

**杰瑞米讲解小知识**

算法太牛了！算法不仅能给计算机一步一步的指令，还能告诉我应该怎么做。当我用搜索软件时，搜索引擎会计算与其他的，特别是重要的或评分高的网页的相关性，先给我推送最佳网页。

购物网站用算法来计算一个顾客购买或评价的物品的相似性，然后把商品分类。于是，当我买一件商品以后，购物网站就会热情地给我推荐更多同类产品。

社交网站的算法就更牛了。它根本不需要问我想要什么，而是找到我的好友上传的东西，特别是视频、图片和热门话题，然后放在我动态消息页面的最上方。

现在，我在网上得到的一切信息都是经过数学计算为我量身定造的……不管我“点不点赞”。

据多伦多大学的数学家唐纳德·考克斯特说，埃舍尔虽然一点儿都不懂三角函数，可在他著名的作品《圆极限 III》中，他将那些纵横交错的弧形绘制得十分完美！

面都是用计算机成像技术合成的。”山姆说，“你看过《超能陆战队》吗？里面的旧金山看起来栩栩如生。动画制作家和算法的能力是无限的。”

“无限的？我希望这不是真的。”我说，“我的意思是，没什么影视中的怪物能吓到我，可是要是给我看一个计算机合成的模拟真人，我一定怕得要死。”

山姆笑了：“这是恐怖谷理论。一些机器人专家和动画制作家用这个理论来解释为什么我们虽然喜欢仿真人的形象，但是只能真实到一定程度。当仿真人太接近真人，可看起来又不完全真实的时候，我们的微小的大脑就难以接受。于是我们就把它‘放逐’到恐怖谷了。”

“然后它们就在那儿活下来了，活在我们的噩梦中。”我补充道，“还好不止我一个人这么觉得。”

“好吧，计算机成像很酷……而且，你说得对，确实得用到很多数学知识。”奥斯卡说，“不过好在我总是能靠这些创作！”他举起他的画板和铅笔，“我用这几样就能画人像、风景和漫画。实际上，我现在很喜欢黑白连环漫画，而且用不上数学。”

“任何绘画方式，即使是漫画，都会用到数学。”山姆说着，走向美皮克斯和梦工厂等工作室利用动画制作程序打造的一个个完美的世界，真实得让人不敢相信。步骤如下：

1. 制作数字实景：用程式将上百万个几何图形连接起来，构成每一个人物和景致的框架。
2. 让他们动起来——动画师主要运用三种方式来模拟动态，每秒需要 24 帧到 60 帧影像：
   → 动画师用关键帧来确定物体在关键点的形状和位置，计算机再计算出中间的过渡。
   → 程序动画使用算法让一切景物——计算机模拟的烟、火、水、服装、头发、石头——遵循物理规律，并让虚拟物体看起来栩栩如生。
   → 动作捕捉用计算机记录真实演员的动作，然后将这些动作数据运用在虚拟人物身上。（如下图）
3. 调整亮度：计算机会处理光线照在不同颜色或材质的表面上时的不同视觉效果。
4. 最后，把上百万个数据组合起来，形成最终的作品。用一台计算机一帧一帧地处理太慢了，因此需要许多内存强大的计算机配合同时运作，这就叫作“渲染农场”。

# 亚历山大城的希帕蒂亚

（约370—约415）

数学家赛翁的女儿——希帕蒂亚，长大以后不仅成了一名重要的演说家和哲学家，更是她那个时代最伟大的数学家和天文学家之一！她是埃及亚历山大城一所大学里非常受欢迎的老师，这所大学以它典藏丰富的图书馆著名。传说她美貌绝伦，甚至需要在屏风后授课，以免干扰她的学生听讲。

不过，优秀杰出的她生错了时代和地方。亚历山大城一群不断壮大的基督徒拒绝接受一切跟他们的信仰相悖的宗教观念和哲学思想。一天晚上，一群狂热的宗教分子在希帕蒂亚回家途中袭击并杀害了她。一些历史学家将这一事件视为欧洲黑暗时代的开端，与此同时亚历山大城的图书馆、学校等机构被摧毁，希腊和罗马的学术与知识消失了 1000 年。

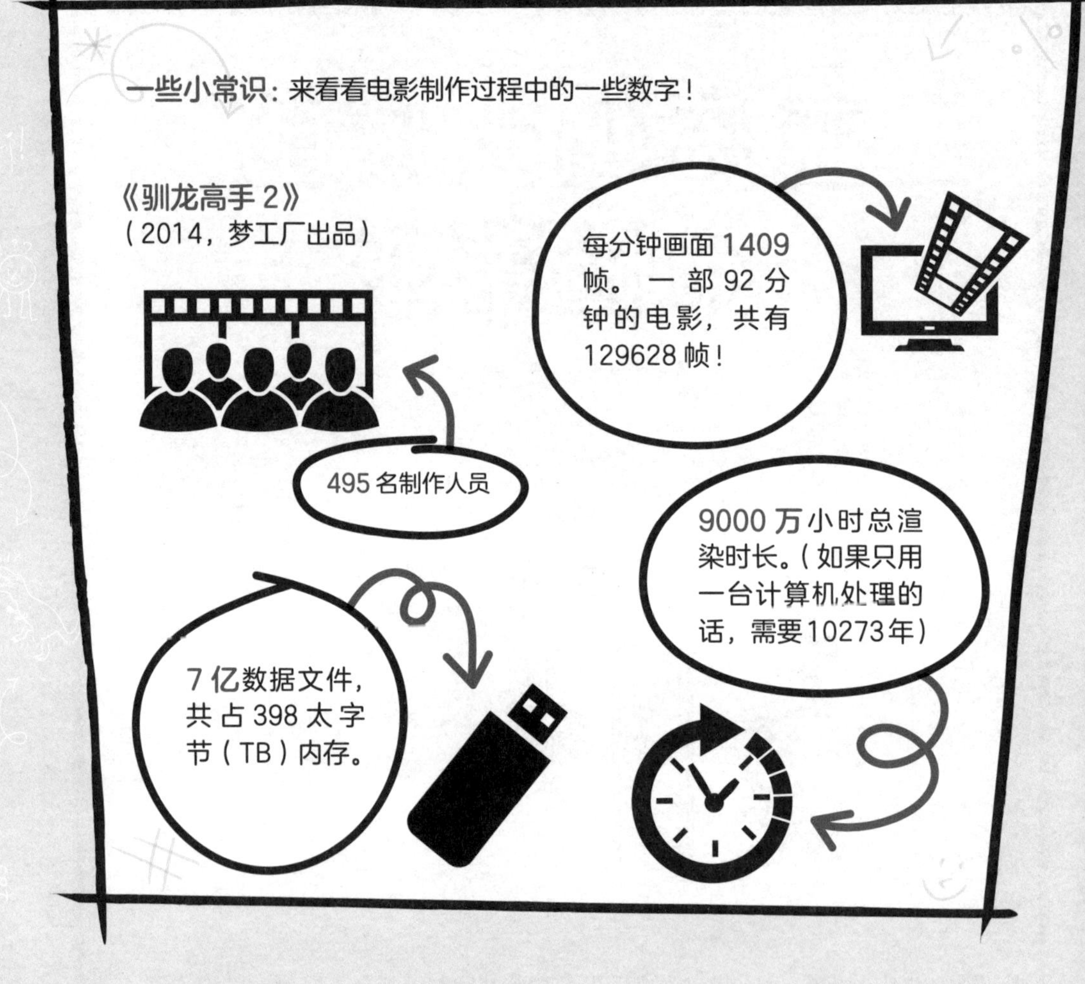


术老师讲台旁的翻页书写纸，“你想想，我们的世界是 3D（三维，也就是立体）的，可是你作画的绘图纸是 2D（二维，也就是平面）的，那你怎么把这个，”山姆一边说一边在纸上画出一个正方形，“变成那个？”他指向墙上埃舍尔作品旁边的一个正方体图案。

“这叫透视。”奥斯卡说，“不是数学。”

“在 15 世纪，”山姆解释道，“俄罗斯艺术家们——同时也是数学家、科学家和音乐家——注意到，站在不同的地方看同一个东西，东西的大

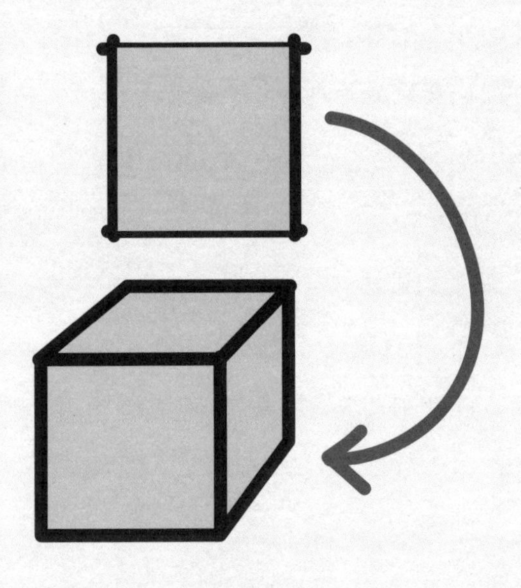

**数学定律**能帮你折出花哨的形状。数学家、工程师、折纸艺术家罗伯特 · 朗发明了一个计算机程序，能折出精妙的人物、鹿，甚至蝎子和昆虫。工程师们用折纸程序制作出防水的纸盆，把安全气囊装进汽车，还能把 100 米长的望远镜打包成小小一份送上太空。变形金刚也不再只是玩具了：研究人员用折纸方法及遇水或遇热就自动折叠的材料和形状，发明了能迅速从普通大小的扁平晶圆转化成四条腿的机器人，以及只有一块方糖大小但能行走、游动、攀爬的迷你机器人。有一天，我们甚至可能发明迷你医用机器人，小到可以进入人的体内，再展开，对人体进行修复，然后溶解。

小形状会发生变化。于是他们用数学进行计算……”

“你没听见我说的话吗？”奥斯卡打断道，“你只需要知道透视！”

“然后把他们的结果整理成一套叫作‘透视’的系统理论。你就是用这个来画你的漫画和进行其他创作的。由此还衍生出另一个数学分支——射影几何。”

奥斯卡的脸变得绯红。哈哈！然后山姆递给他一支马克笔。“给我们画一个你漫画中的场景吧。”山姆说，“黑白连环漫画、超级英雄，都可以。我们检查一下里面的灭点，来看看你的几何用没用对。”

“不错嘛！”山姆说，“看起来你其实也是个数学家。”

# 4

# 韵律还是算法？

山姆很聪明，但有时候有点儿憨，特别是在人情世故方面。跟奥斯卡说他是个数学家……这绝对是个错误。

“一个拥有数学头脑的艺术天才！”奥斯卡欣赏起自己的作品——开始从自己的视角给我们介绍他的透视本领，“难怪我这么厉害呢！”

我说吧！好在奥斯卡的炫耀被珍打断了。

“别以为这儿就只有你一个数学家兼艺术家。”珍翻了个白眼说，“音乐里也有很多数学呢！”

“嗯？”奥斯卡说。

珍是一个音乐的狂热爱好者——她和她的朋友有一个自己的乐队，有时候也邀请我一起玩儿音乐，直到有一天我的吉他即兴演奏过了头。她也很喜欢数学，而山姆在认真起来时电子琴也弹得很精彩，所以当珍和山姆配合的时候，你可得当心了，那就是音乐和数学称霸天下。

“音乐和数学就是天生的一对！”她说，“文艺复兴时期的艺术家们明白这个道理，甚至中世纪的人都知道！真不敢相信你看不出二者之间的联系。”珍激动起来，奥斯卡连连后退，“中世纪的大学四门必修课是算数、几何、天文和音乐。”说着她转向雷克先生，“我们也应该照做，你不仅不该取消数学课，还应该增加音乐课！”

雷克先生无助地四处看了看。

“早期的数学家都是专业的音乐家。”山姆补充道，“原因显而易见。”

“是吗？”雷克先生从牙缝里挤出这两个字。

“当然是！”珍被激怒了，“节奏、作曲动机、拍号……甚至和弦都是以数学为基础的，我这就演示给你看。”

珍带着大家来到走廊对面的音乐教室。她随手抓起旁边谱架上的一张乐谱，又从自己的书包里掏出另一张，一起塞到雷克先生的手中。

“杰瑞米，我们让你觉得无聊了吗？”珍礼貌中带着一丝严肃。

糟糕，被抓了个正着。我正悄悄地挤出人群，想看看教室后面的那

些新吉他。“对不起！”（嗨，再说了，不管是音乐还是别的，我从来都是不看脚本自由发挥的——不信你可以问问我的老师。）

“算了。”她叹了口气说，“你现在需要用那把吉他来‘演奏’一点儿数学。还记得毕达哥拉斯吗？他用数学和一把独弦琴——相当于古时候的吉他——来演算出哪些音符在一起听起来更和谐。随便拨一根琴弦，你就能奏出一个音符，对吗？然后按着同一根弦，手指向下移动到正好一半的位置，再拨一次。它震动的频率是之前的两倍，你听到的音也高

**摇滚吧，像毕达哥拉斯那样！**美妙的和弦并不是随机的。组合起来和谐、好听的音符都是有一定规律的。如果你拨动两把不同吉他上的同一根琴弦，当按弦的长度比是小整数比的时候，你就能得到和谐的和弦。

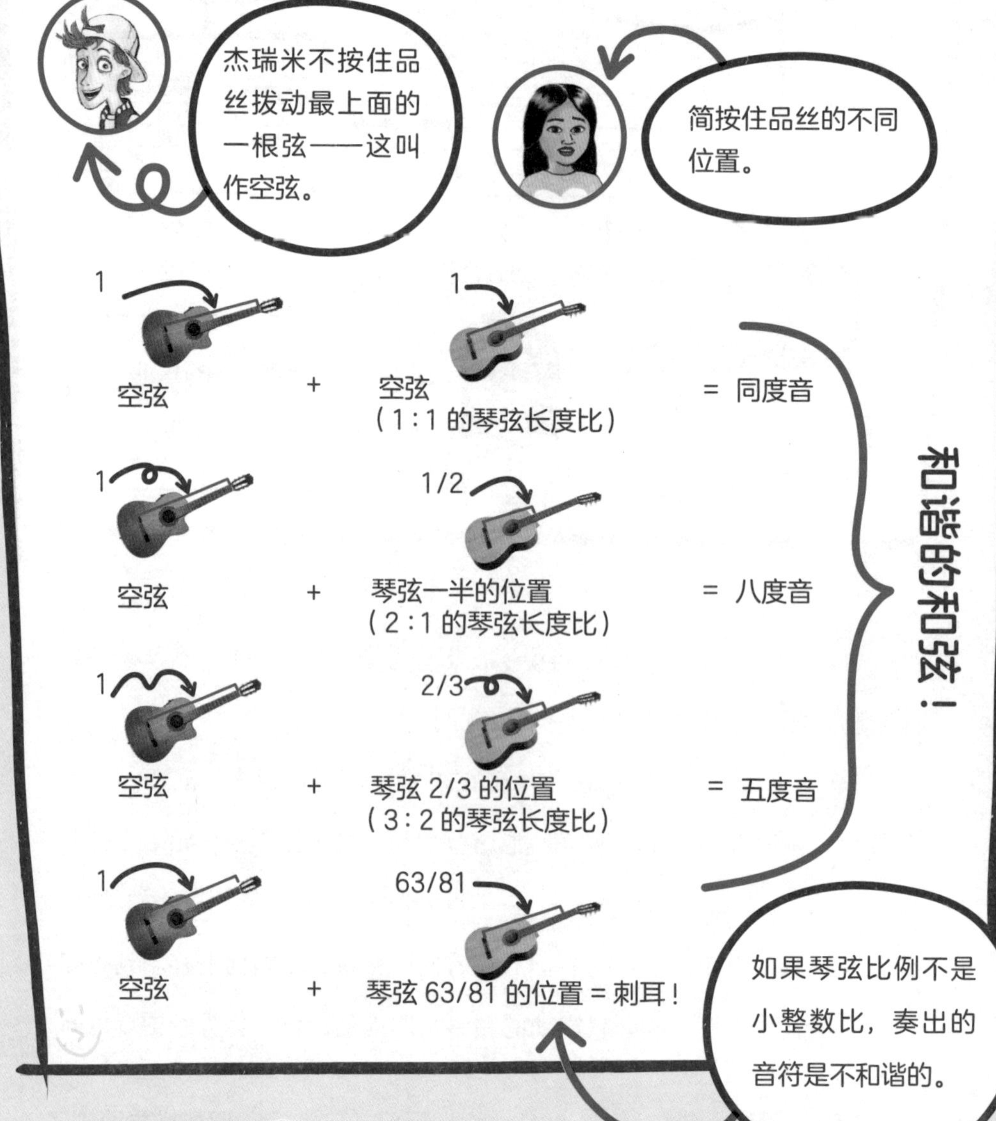

八度。”

“好，”我说，“第一根弦是E。”我拨了几次，“现在，我按在吉他正中间的品格上……你听，也是E，不过正好高一个八度！你觉得怎么样？”

我模仿起摇滚乐手版的毕达哥拉斯演奏这两个音符的模样。

“再回到第一个E然后继续拨弦。”珍说着，又拿起一把吉他，试弹了几个不同的音符，“你听，这几个音符在一起听起来就很和谐。”她说道，“最好听的和弦就是当你的琴弦跟我手中的比例正好是整数比的时候——这样你就能弹出八度音（2 ∶ 1）、五度音（3 ∶ 2）和四度音（4 ∶ 3）。”

然后我用了一些炫酷的指法胡乱地拨弦，结果那些和弦听起来奇怪又刺耳。“我看‘毕达哥拉斯与摇滚比例乐队’没什么前途。”

**你的MP3播放器**能将一首32MB（MByte的简写，计算机中的一种存储单位，读作“兆”）大小的歌压缩到3MB，这只需要运用数学方法把那些你不需要的声音信息去除，并用更短的代码替代那些超长或重复的字节。（新的MP4也用同样的技术来处理视频、文档和图片）

“对。”简冷冷地说，一边把我手中的吉他收走了，“你弹的那些噪声就是一些非整数比的结果。你可能觉得没什么稀奇，不过对毕达哥拉斯来说，这些拨弦试验证明了小整数比是世界上最美妙的。”

“这对你们学音乐的人来说也许不错，”雷克先生打断我们，“不过还是不能说服我数学就是必不可少的。我自己就从来没上过一节音乐课，我也不认为这里有多少人命中注定要当作曲家。”

**杰瑞米讲解小知识**

音乐中的比例为什么这么厉害呢？因为这些比例中包含了让毕达哥拉斯狂热到不能自拔的小整数——1、2、3、4。这仿佛是他们眼中的宇宙的证据——完美球形的太阳、地球和其他星球按照精确的轨迹环绕着彼此运行，它们之间的距离比例也十分和谐，奏出完美的和声。这也太神了吧！太空探测器已经证实，星球周围的能量会使星球表面产生可测量到的震动音频。地球附近的三个星体会发出诡异的咿咿声，而英仙座星系团的一个超大黑洞则唱着比中央 C 低 57 个八度的降 B 大调。还有那个现代物理学理论——超弦理论，说的就是我们的世界是由震动的能量线组成的。

用数学来作曲可不是什么新鲜事儿。

早在 MIDI 科技发明以前，人们就运用概率理论把其他作曲家创作的乐曲切分开来，重组成自己的。300 年前的人们不需要计算机就可以这样做。他们只需要一对骰子、几把剪刀和一本指南，封面上写着“简易作曲指南，任何人，即使毫无音乐知识，也能创作出成千上万毫不雷同且无比优美动听的乐章，作曲速成入门，献给 1775 年的追梦者”。这些“作曲家”只需要拿别人创作的曲子，把谱子上的每个小节标上数字，剪开，然后随机重组。这有点儿像嘻哈音乐制作时的采样，只不过嘻哈音乐家们会自己节选他们想用的，而这些 18 世纪的人则掷骰子，或者用别的随机数字生成方式进行组合。真是狡猾！那时候，概率还是新兴的理论，不过这些人知道重组成完全一样的曲子的概率非常非常低，所以，这样“投掷”出原创音乐的方式还是挺可靠的。

《5分钟创作出大师级杰作》

太赞了！切分—重组作曲法！

如果贝多芬还活着的话！

他这话说得没错，只有音乐天才才能自己作曲，不是吗？我开始担心山姆是不是没辙了……

“不对，”山姆说，“MIDI（Musical Instrument Digital Interface 的简称，乐器数字接口）键盘将作曲简化到我们任何一个人都可以操作……”

当然，我又想错了，还是交给这个数学高手吧！

“用 MIDI 键盘，你可以创作出许多不同乐器的乐曲，编写一段乐队背景音乐，尝试不同的节奏和音效。MIDI 键盘还能帮你录制和打印曲谱。”山姆接着说。

“这跟数学有什么关系？”雷克先生皱了皱眉，问道。

“我正要说呢。”山姆回答，“键盘只能读懂 MIDI 数字。”

“音乐数位界面数字。”看到雷克先生一脸疑惑，简补充道。

“谢谢。”山姆说，“你每弹奏一个键，都把音乐信息转化成了代码，一个数字代表你弹的音符，一个数字代表音量和音长，还有一个数字代表你选择的乐器。当你播放的时候，这些数字被录制并解码成已经编写进键盘的声音。这么看来，其实录制的不是音乐，而是数学。”

# 穆罕默德·本·穆萨·阿尔·花剌子模

（约780—约850）

解一解：3+A=5，还有 $a^2+1=26$，$2a^2+2a=24$。要是你能解出这些方程式，那么你要感谢穆罕默德·本·穆萨·阿尔·花剌子模，正是他把数字和未知数放在一起，再用到 a、b、c、x 和 y，发明了代数。

这位波斯数学家、天文学家和地理学家想要用一种新的数学方式来处理农耕、遗产和法律诉讼类的问题。他的这项创新发表在一本名为 *Kitāb al-jabr wa al-muqābala*（《还原与对消计算概要》，又译《代数学》）的书上。12 世纪的拉丁译者将阿拉伯语的“al-jabr”（恢复平衡）改写成“algebra”，也就是我们今天的代数。

在阿尔·花剌子模写的所有书中，有一本描述了使用 9 个符号和小数点计数的印度计数系统。欧洲译者把这本书叫作 *Algoritmi de numero Indorum*（《印度数学算术》）。他的名字的拉丁写法，又演变成了英文的“算法（algorithm）”一词，用以表示解决一个问题的一系列步骤或一套方法。那么“a”指的是什么呢？是阿尔·花剌子模（al-Khwarizmi）、代数（algebra）和算法（algorithm）共同的首字母！

# 5

# 自然爱数学

“这听起来有点儿强词夺理了吧。我看，这全都是强词夺理……用数学来帮你学好体育、艺术，现在又是音乐。”雷克先生说，“我可不允许你们这么干。”

“当然不可以！”诺顿老师急急忙忙地站起来说，一不小心打翻了一个谱架，“数字不能滋养孩子们的创造力，更不能哺育他们的心灵，表达自我更不能被简化为方程式。孩子们应该直接从生活中学习知识，体会大自然的美丽，而不是从书本中或者计算机中学习。”

“如果你真的这么认为的话，”山姆说，“你应该去外面好好看看，大自然中的数学可比你想象的要多。”

“如果外面也有数学，那我们能不能现在就到外面去呢？”摄像师问，“这儿挤这么多人，真的有点儿透不过气。”

“不如我们现在就去科学教室旁边新建的小花园。”副校长建议道。听到这个建议，不少人欢呼起来，于是我们一起来到小花园，那儿长着向日葵、一些能吸引蝴蝶的花卉和其他一些去年春天科学老师带我们种下的植物。

本以为花园能让人心情愉悦，可嗡嗡的蜜蜂让诺顿老师比平时更易怒，或者只是更烦躁了。

“你看看四周，这儿哪能找到什么数学？”她忍不住抱怨道。一只蜜蜂径直冲她脸上飞去，吓得她尖叫了一声，往后退了几步，踩上了一个蚁穴。

“我们就从蜜蜂说起吧！”山姆憋着笑说，“或者也可以先说说蚂蚁。你觉得它们怎么知道该往哪儿走呢？”

“嗯……谷歌地图？”我开玩笑地说。

“它们的确有自己的‘蚁网通’，用来计算什么时候出去。”山姆回答，“斯坦福大学的科学家们发现，收获蚁（一种生活在北美的蚂蚁）蚁群用来决定每次派出多少只蚂蚁寻找食物的方法，正类似于用来防止网络拥塞的传输控制协议（TCP）算法。”

蜜蜂用连续不断的密铺六边形来储藏蜂蜜。非常聪明的选择！六边形能储藏更多蜂蜜，用到的蜜蜡比三角形或者正方形更少，建造起来也更省力。

蚂蚁八只八只地前进，最小的蚂蚁停下来导航……等等，歌里好像不是这么唱的！突尼斯沙漠里的蚂蚁呈“之”字形前进，到处寻找食物。一旦找到，它们就立刻把食物搬回巢穴。它们并不根据气味或者化学物质找路，不然它们会沿着“之”字形原路返回。它们使用“航位推测法”，每到一个点都会参照起始点的位置不停地更新距离和角度，然后计算出返回的直行路线。在 GPS（全球定位系统）被发明之前很久，航海员与飞行员就开始使用“航位推算法”在海上导航。阿波罗号上的宇航员在完成登月计划时，也使用了这个方法。对人类来说，运用“航位推算法”需要用到算数和三角学，一步一步地运用各种图标、测量仪，最后还用上了计算机。蚂蚁则通过数自己的步数，用太阳作指南针，然后本能地计算出回程最短距离。

“你们看！”跟着山姆的指示，大家看向正飞往花园一角的蜂巢的一只小蜜蜂，“这只蜜蜂能根据飞行时树和其他参照物掠过它的眼睛的速度来估算距离。你们注意看它飞回蜂巢时会做什么。”

我们一路注视它飞向用玻璃围起来的蜂巢。“哎呀！”我嘀咕道，“蜂窝上有密铺图案呢。”天哪，我简直不敢相信这句话是从我嘴里说出来的！山姆刚刚成功地让我（我！）看到了数学。

山姆微微一笑，等这只蜜蜂从塑料通道飞进蜂巢。“你们瞧，”他指着蜜蜂说，“让我们看看它飞了多远。”

“它看上去是在跳舞庆祝呢！”记者笑道。

勤劳的小蜜蜂不能停下来说话，肢体语言就帮上了大忙！

### 圆圈舞

“耶，有食物！”

这支简单的圆圈舞的意思是花粉就在附近——50 米以内。

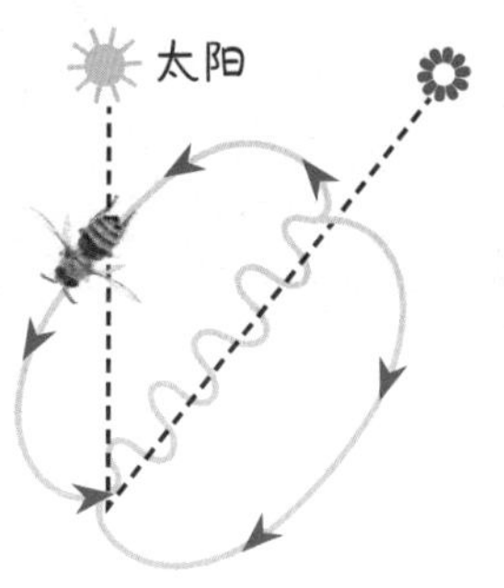


### 摇摆舞（8 字舞）

“晚饭得迟一点儿开饭了……在那个方向。”

蜜蜂画圈飞舞的时间越长，到花粉的距离就越远——1 秒等于 750 米。

8 字中间倾斜的角度表示以太阳为参照物，花粉的位置。

“这么说也没错。”山姆回答道，“正是这个舞蹈告诉其他蜜蜂有花粉可采，还把找到花粉位置需要的所有信息都编码了进去！”

“你是说这些小昆虫能测量距离、时间和角度，然后给其他蜜蜂计算出路线图？”诺顿老师理解起来似乎很费劲。雷克先生也一样。

“没错！”山姆继续说，“而且能运用数学的不仅仅是昆虫。猫头鹰用三角测量来锁定猎物的位置——它根据自己的两个耳朵和猎物发出的细微声音这三点组成的三角形来计算出距离。”

**接球！** 一天，数学教授提摩西 · J. 彭宁斯在水边沙滩上跟他的狗玩接球游戏时注意到，当他把球丢向水里的时候，他的狗艾维斯先在沙滩上飞奔一段路程，然后再跳进水中游向球。彭宁斯发现，每次他的狗都能考虑到在沙滩上奔跑的速度比在水里游的速度更快这个因素，计算出怎样能用最短的时间接到球。这样看来，为了确定在跳入水中以前需要跑多远，艾维斯做了一道微积分数学题，就跟教授给学生布置的题目差不多。数学家的观察，准没错！

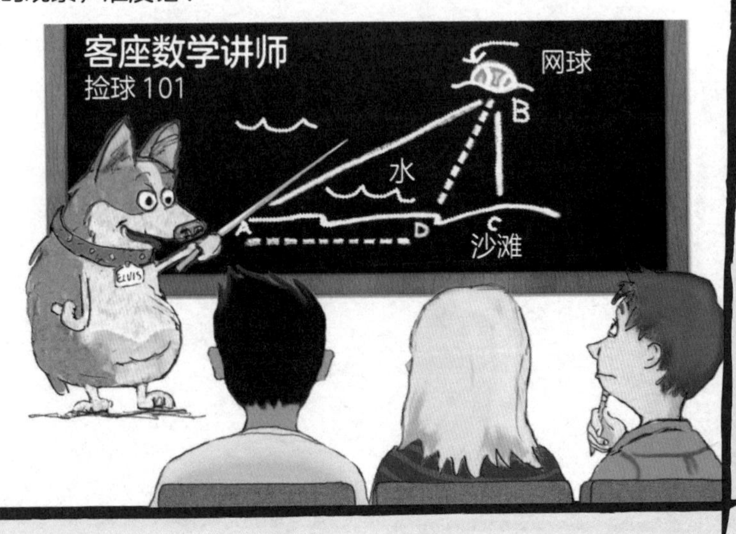

# 索菲·热尔曼

（1776—1831）

索菲·热尔曼的父母听到13岁的女儿坚持要学习数学的时候非常震惊！为了不让她晚上学习，他们关了暖气，拿走了蜡烛和她的衣服，可这并没有用。

他们为什么要这么做呢？在18世纪的巴黎，系统的数学学科只有男人能学，女人是不能学习新兴的数学和科学的。虽然索菲的老师们并没有把她当回事，可她下定了决心。她偷偷地看了课堂笔记，还以“勒布朗先生”之名把作业交到了综合理工学院。可是拉格朗日教授——一个非常有名的数学家——想见一见这个聪明非凡的学生，于是她的秘密曝光了：“他”原来是“她”！

在跟著名的德国数学家卡尔·高斯通信的时候，索菲又借用了“勒布朗先生”这个假身份。可是当拿破仑的军队入侵德国的时候，索菲给她的一个法国将军朋友写信，让他们一定不能杀了高斯，于是索菲的身份又暴露了。知道索菲的真实身份以后，高斯非常惊讶，可他很佩服这个年轻女性的智慧和决心。不过谁不佩服这样的人呢？现在，巴黎的一所学校、一家酒店、一条街，还有一类质数都以索菲·热尔曼命名——而不是“勒布朗”！

看他们脸上顽固的表情就知道，他们显然并不买账。山姆耸了耸肩，看起来有点儿失落：“进化论、本能，随便你怎么说，反正这还是数学，即使跟我们运用数学的方法不一样。”

山姆凑到我耳边悄悄说：“看来要让人接受一只虫比自己聪明的确很

如果这些技能大部分都是本能的话，那有没有什么动物运用数学的方式跟我们差不多呢？我不是说跟我的数学一样差（哈哈！），我的意思是，动物能不能运用数字，或者能区分“多”和“少”呢？山姆说，大猩猩的数学水平跟我们最接近：它们理解分数，能学会数字符号，还能做简单的加减法——跟普通一年级的小学生差不多。另外，也有跟更小的孩子的数学能力差不多的动物：受过训练的老鼠能正确预测压动杠杆的次数来得到食物；狮子会“数一数”它们听到了几声咆哮，然后决定应该搏斗还是逃跑！当你给火蜥蜴看两个装着果蝇（真好吃！）的试管时，它们会选择果蝇数量更多的那一个。

难。”然后他大声说，“也许我们应该看看跟计算没有关系的东西。数学本就是无处不在的。”

# 6

# 花朵的花样

诺顿老师疾步走到花圃旁，随手捡起一个东西。“数学无处不在？无处不在的是大自然的美。你看看这个可爱的东西！”她举着一个亮亮的螺旋形状的贝壳，高声说道，“你能告诉我这跟数学有什么关系吗？”

“那个贝壳，”山姆说，“正是一个极好的例子！”

诺顿老师的脸色很难看。

“这是一种叫鹦鹉螺的软体动物的壳。最开始，它在壳里的生存空间还不到一个豆荚那么大。不过随着身体不断长大，它得不断扩建。有趣的是……”山姆说着，从诺顿老师手中接过螺壳，用手抚摸着上面的纹路，“它向外扩张的时候，一直保持同一个角度，于是就形成了一个叫作‘等角螺线’的数学形状。”

“等角螺线有什么特别之处吗？”我问。

“它严格遵守一个数学规律：每向外转一圈，到起点的距离都是一个定量的倍数。”山姆说，“谁有纸和笔？”他说完，向凯老师借了一支铅笔和一把尺。

我递给他几张纸——其实是我的数学功课。

“这是一个‘黄金矩形’。”他一边画一边说，“是等角螺线的一种特殊例子。如果你量出它两条边的边长，再求他们的比例，就会得到一个

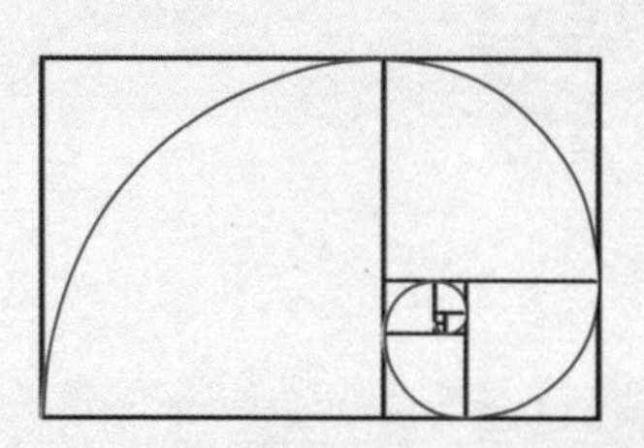

叫作‘黄金比例’的数字，也叫作 phi。phi 是一个无理数——还记得无理数吗？ phi 的前几位是 1.618……然后没有尽头。”

“哦，对。”

“你再看，”山姆继续说，“如果我以短边为边长分出一个正方形，那剩下的部分正好又是一个黄金矩形。重复这个步骤，你又会得到一个更小的黄金矩形。又是一个……又是一个……你明白了吗？重复几次，你就能看到等角螺线了。”

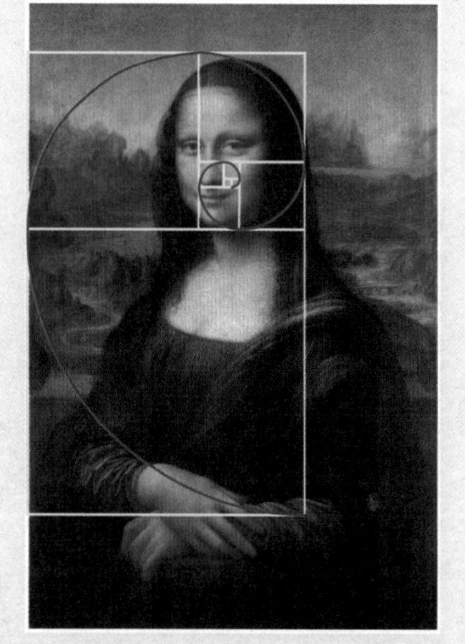

“这个我知道！”奥斯卡郑重其事地说，“莱昂纳多·达·芬奇和其他文艺复兴时期的艺术家认为，黄金矩形和一些别的‘黄金’形状能使建筑和绘画的各部分比例完美。《蒙娜丽莎》这幅画里就有好几个黄金矩形。我艺术家的一面从来没想过这是数学，而现

**我们的世界里充满了螺旋吗？**

在许多树和植物上，叶子都是螺旋向上生长的，这样每一片叶子都能得到最多的光照。

游隼的两只眼睛长在头的两边。在捕猎时，它会沿着等角螺线向下俯冲，这样可以让它一只眼睛一直盯住猎物，并且在飞速追击时保持自己头部始终向前。

科学家也不明白为什么昆虫会沿着等角螺线的路径扑向光源。

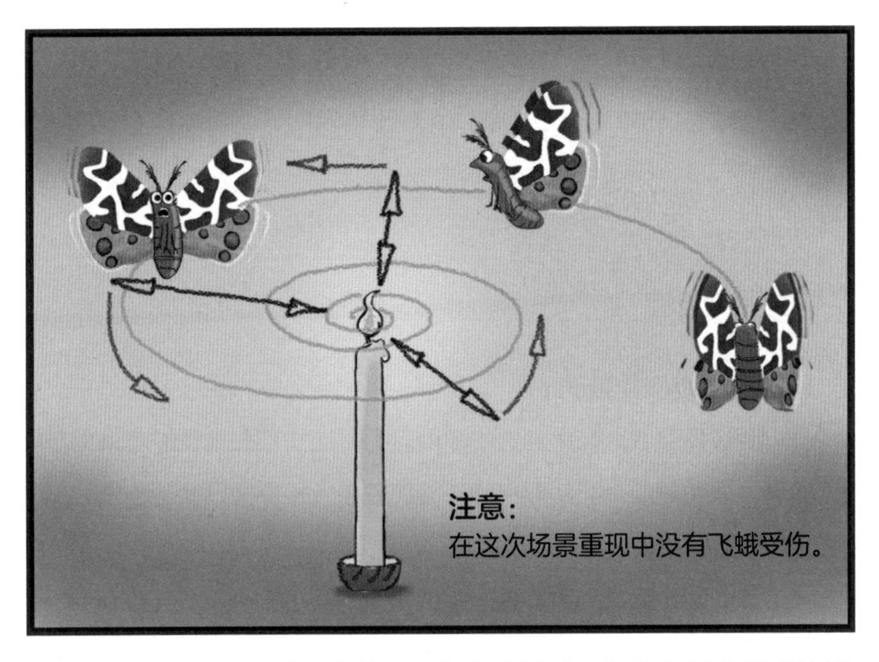


跟我们的银河系差不多的星系都有由星球、气体和星尘组成的螺旋臂。

由于地球转动的偏心力，台风气流向中心的低气压处流动，使台风旋涡能沿着等角螺线旋转疾速向前。

在我数学家的一面注意到了。”他宣称。

“什么矩形、螺旋，说够了吗？”雷克先生尖声说，“都让我有点儿头晕了。我现在看那些向日葵都是满眼的螺旋。”

“那是因为向日葵上本来就有螺旋呀！”山姆笑着说道，“从向日葵的中心往外有两组螺线，一组顺时针，一组逆时针。每个方向的螺线的数量正是‘斐波那契数列’的完美例证。”

“什么？”雷克先生的声音很是疲倦，“斐波那契数列又是什么？我是不是不该问？”

“斐波那契是把数字‘0’引入欧洲的数学家，斐波那契数列就是他发现的遵循一定规律的数字：每一个新的数字都是它前面两个数字之和。比如，1，1，2，3，5，8，13……”

**疯狂的斐波那契数列！**

斐波那契数列在大自然中随处可见。比如某些种类的花朵上花瓣的数量，菠萝表皮上突起形成的螺旋的数量，一朵向日葵花盘里的瓜子形成的螺旋的数量，苹果或者黄瓜里包裹种子的子房室的数量，这些都是斐波那契数列。你甚至在餐桌上就能找到斐波那契数列的例子。下次晚饭有花椰菜的时候，你先别急着吃，数一数花椰菜从中间的茎向外螺旋长出了多少朵小花——这是你的数学功课！

这时候，山姆停顿了一下，看着雷克先生说："不过你说得没错，是时候再换个话题了。"

我怎么在山姆的脸上看到了一丝担忧呢？我看了一眼雷克先生——他的脸都有点儿绿了。难怪山姆没接着说他的斐波那契数列了。

不过，实际上山姆并不是担心雷克先生的状况，他只是迫不及待地

说一个很奇怪的事情吧！斐波那契数列跟我们之前讨论的等角螺线有关联。把斐波那契数列里的数按顺序除以自己前面的那个数，像这样：$2 \div 1=2$，$3 \div 2=1.5$，$5 \div 3=1.666\cdots\cdots$，$8 \div 5=1.6$，$13 \div 8=1.625$。一直除下去——答案会越来越接近无理数黄金比例：1.618。

吓人吗？

想要进入下一个更让人费解的话题。

"现在更精彩的要来了！"山姆说，"分形！大自然中充满了分形。"

雷克先生看了一眼诺顿老师，牙缝中挤出两个字："分形？"而诺顿老师只是耸了耸肩。

"分形的英文'fractal'，源自拉丁文，是裂开的意思，你明白吧，就是破裂。"山姆指着一株很大的植物说，"你们瞧，这株蕨草一层层分成越来越小的枝丫。再看那棵树，那些树枝看上去像不像一棵棵小树呢？"

正因为分形的数学方法非常适合描绘自然中的事物，因此计算机动画制作师用分形来制作逼真的虚拟场景，比如《星球大战3：绝地归来》中的恩多月亮和死星，或者《星际迷航2：可汗怒吼》中的创世星。

“我明白。”艾米丽说，“山脉也一样——你能把它分成一座座小山峰，一直分到山顶的石块。还有河流——在地图上你能看到大河分流成一条条小河。”

“听起来分形就是同样的形状不变，只不过越来越小？”我问。

“没错。就是同样的形状无限重复没有止境，不管你放大或者缩小多少倍。数学家把这个叫作‘自相似性’。”山姆回答。

“胡扯——树枝不可能永无止境地分杈。”雷克先生抗议道。

“在自然中不能，”山姆说，“但是几何和代数分形可以一直重复下去——所以它们都令人惊叹！

“我这就展示给你看。”他补充道，一边拿出手机开始搜索，“你看这些。”

神奇的分形维数，蝙蝠侠！我们是到了一个住着梦幻般的分形生物的平行世界吗？分形是真实存在的，尽管它们听上去有点儿不真实——分形的形状可以精准地无限复制下去，想要多少就有多少。

几何上的分形只需要不断地重复同一个形状。例如科赫雪花和谢尔宾斯基三角形，看上去很有规律，就跟你想象中的数学图形一样。

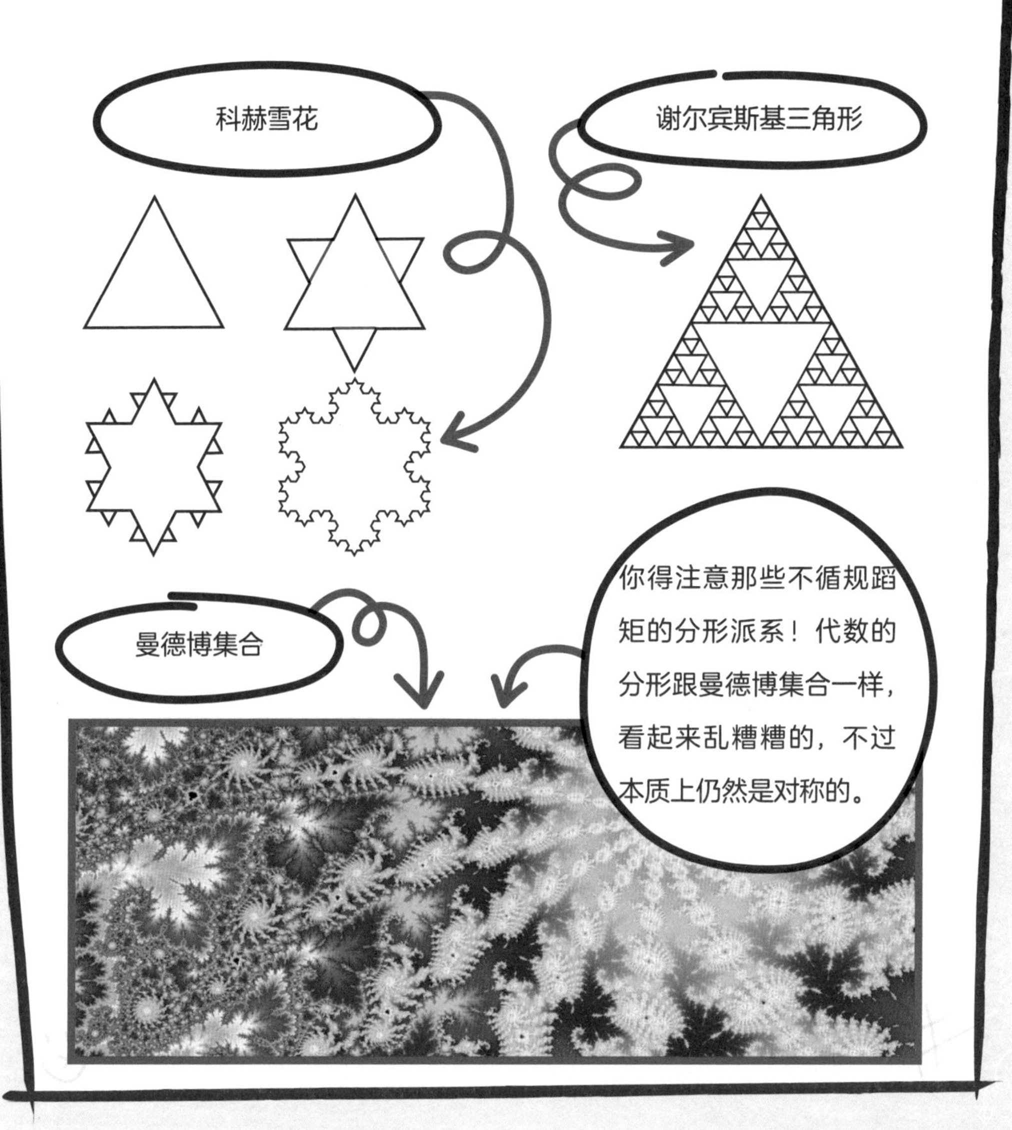

“好吧，就算这些很有意思。”诺顿老师不得不承认，“可是我不觉得研究这些漂亮的图案有什么意义。”

“说出来你一定会很吃惊。”山姆回答道，“研究分形图案能帮我们创造任何有自相似性结构的东西。分形还能帮助我们理解人体不同部位的功能和运作，如何让桥梁的钢索更牢固，以及如何造出小而强大的手机信号天线。此外，因为分形跟混沌理论有关联，因此还被用于一些难以预测的情况，例如天气、地震，以及股票市场的波动。”山姆停下来换了一口气。

“这听起来有一点儿……复杂。”诺顿老师努力想插上话。

“实际上并不复杂。”山姆说，“创造一个分形的形状可能听起来有点儿复杂，但是你只需要不停地重复同一个图形，或一遍又一遍计算同一个方程式——这叫作‘迭代’。还记得我们讨论了电影中计算机生成的图像看起来就像真的一样吗？将每次解方程计算出来的结果再代入同一个方程式，用计算机操作起来十分简单。不断地重复一个简单的公式，也能得到不规律的结果，正是这个操作让图像看起来更自然了。”

“够了！”拉夫说道，“别把电影特效拆得支离破碎，它被你说得一点儿意思都没有了！我只想感受电影的魔力，才不管什么数学不数学。”

# 阿达·洛夫莱斯

（1815—1852）

阿达·拜伦·洛夫莱斯的爸爸——诗人拜伦爵士，被很多人描述为“疯狂、恶劣且危险”。当阿达的父母离异后，她的妈妈致力栽培她学习数学与科学，并让她尽量远离诗歌和文学。

12 岁时，阿达对飞行有了兴趣。她研究鸟类，制作了一架木马形状的蒸汽驱动飞行器，甚至还写了一本名为《飞行学》的书。

17 岁时，阿达的家庭教师之一、有名的数学家玛丽·萨默维尔，将她引荐给了当时正在建造一台能处理数字的机器的查尔斯·巴贝奇。不过，是阿达最先意识到这台“分析机”的全部潜力，而这台分析机被认为是现代计算机的一个模型。她意识到，因为人们可以编码让这台机器翻译数字，那么它也同样能翻译符号，甚至音符。

这台机器最终没能制造出来，但在阿达发表的笔记中包括了一些算法实例，首次提出了计算机编程的概念。现在甚至有一种编程语言以她的名字命名。

# 选择一面

警告：拉夫是我们班最爱耍宝的，他总是喜欢恶作剧，还自以为十分幽默。他真的幽默吗？嗯……他曾经上过一门课后喜剧课，老师给他的唯一评价就是："拉夫的幽默感独树一帜。"没错，让他独树一帜的就是他的冷幽默！

"'有意思'和'数学'这两个词可不太搭。"拉夫说。

"为什么不搭？"山姆问，"数学也能很有意思，甚至很有趣！"

"你是认真的吗？"一个孩子问道。我觉得他说出了大家的心声。

"一本数学书会对另一本数学书说什么？"山姆问。

"嗯？"

"一本数学书会对另一本数学书说什么呢？"山姆耐心地重复道。

"嗯，我不知道。"拉夫说。

"离我远一点儿——我自己也有很多问题！"

## 杰瑞米讲解小知识

输赢不重要，重要的是你怎么玩游戏。当玩魔方这一类需要考虑各种排列组合的解谜游戏时，山姆比我更有逻辑（也更有耐心）；当玩儿需要策略的游戏时，比如跳棋和国际象棋，山姆也总是能赢。要是我的概率学得有他那么好，掷双骰子、轮盘、扑克这类靠运气的游戏我也能玩得不错——我可没说我们玩过这些（嘿，妈妈）！不用山姆说，我也知道在玩大富翁的时候，棋子落在“监狱”上的概率很大，不过他告诉我棋子大概率还会停在哪些格子上，让我玩的时候得心应手（不好意思，这个秘密我不会透露给你）。有一次，我对山姆说，赢我很容易，但他绝不可能赢过计算机。他说我说得不对：人工智能在下国际象棋时的确能赢，因为它能计算到每一步所有的可能性。

“嘿，这个不错！还有吗？”拉夫问，“我表演的时候也能借鉴一下。”

别啊！别整什么表演了！大家都嘟囔起来了。大家过生日一般都请些同学一起吃比萨、看影片，而他办了一个自己的喜剧脱口秀。我们都挺喜欢拉夫的，可是说真的，他大部分的笑话都很冷。

山姆笑了："好了，不讲冷笑话了，也许今年你可以搞一个马戏团主题的生日，再变点儿有趣的小魔术，我可以教你怎么穿过一张明信片。"

拉夫的眼睛都亮了："真的吗？"

雷克先生什么都没说，可是我看得出来，他满脸都写着"怎么可能"。

我们跟着山姆和拉夫又回到了艺术教室。

山姆找到一张很厚的长方形小纸片，开始一边折一边剪，大家都凑过去看。完成以后，山姆把明信片展开成一个很大的圈，从拉夫的头顶上套下来。我们都欢呼起来。

"我的表演一定会超级精彩！"拉夫大叫道。

雷克先生不耐烦地跺了跺脚："够了，我们在说数学呢，扯得有点儿远了吧？"

"实际上并没有。"山姆说，"这也是几何——最基本的一种，学名叫作欧几里得几何——还有分形、拓扑……"

"拓……什么？"我问。

"拓扑。我来给你解释。"拉夫说。

我怀疑地看了看他："你知道拓扑是什么？"

"当然啦，"拉夫说，"正是它让我的表演独步天下！"他环顾了一下四周，希望能得到一些笑声。你现在明白我为什么说拉夫的笑话都很冷了吧。

"该我了，"山姆说，"你可以把拓扑看作我们熟知的几何再加点儿反转。"

"我们要学的几何还不够多吗？"我打断道，"为什么还要再来一种？"

"有时候，"山姆解释道，"当已有的概念成为一种桎梏的时候，数学

# 查尔斯·路特维奇·道奇森

（1832—1898）

维多利亚女王非常喜欢《爱丽丝梦游仙境》这本书，于是她还想读这个作者更多的作品。让人意想不到的是——他大部分的著作都是关于数学的！《爱丽丝梦游仙境》的作者刘易斯·卡罗尔，正是数学家查尔斯·路特维奇·道奇森。

典型的人格分裂嘛！这位勤奋且有一点儿口吃的数学家曾在牛津大学教授逻辑学和微积分，写的书都是《行列式基础论述》一类的。可面对孩子他却很放得开，写了好多无厘头的诗歌、故事和童话（有的写法还很奇幻荒诞）。

从本质上来说，他的不同人格之间并没有看上去那么大的差异。共同点是什么？数学！他喜欢折纸和玩七巧板拼图（在正方形的纸上剪出七个形状用来拼图）。他发明了文字和数字谜语，还有一些游戏。比如，不用槌和球门，而是在纸上或者脑子里用数字来玩的槌球；还有圆形台球，台球桌是圆形的而且没有球洞。甚至连他的儿童文学里都充满了数学元素——《爱丽丝梦游仙境》中的疯帽客就用了这个逻辑："为什么？你不如说'我吃什么就看到什么'和'我看到什么就吃什么'是一回事。"

# 折纸小诀窍

走过路过，不要错过，快来欣赏地球上最棒的演出！准备好被这场数学盛宴折服了吗？

1. **难以置信的明信片之门！**不管用不用数学，任何人都不可能穿过一张 8.9×12.7 厘米的纸片……真的一定不可能吗？

   别被明信片小小的面积给蒙蔽了。只要巧妙地折叠几次，这小小的一片纸就能展开成一个周长可观的圈！

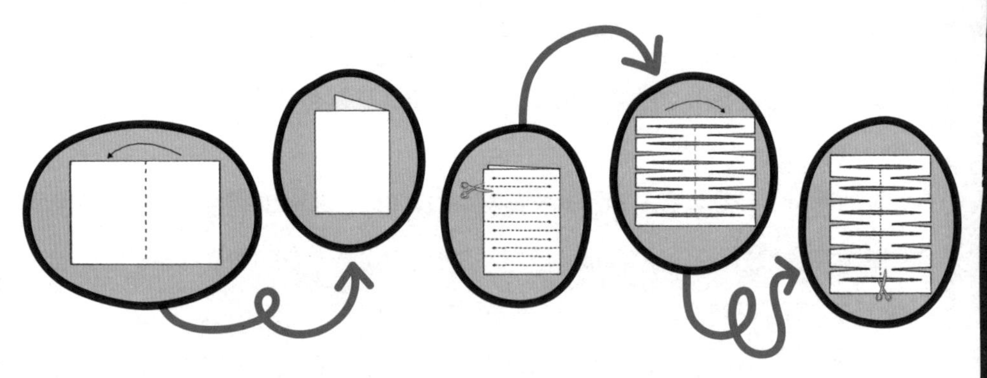

2. **缩小的神奇硬币！**你能让一枚 25 美分的硬币穿过纸上一个只有 10 美分硬币那么大的洞吗？

   想想怎么拉伸放大而不是缩小。10 美分硬币大小的洞的直径的确短了一点儿，但将它拉伸形成的椭圆形的直径就足够长了。

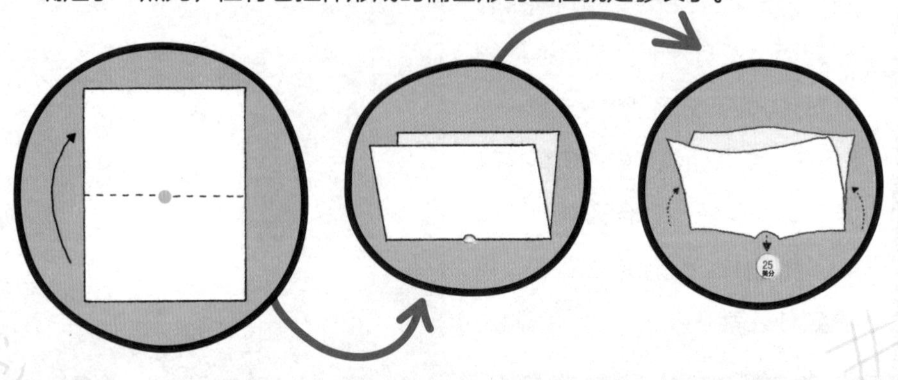

3. **难以置信的拓扑手铐逃生魔术！** 看看你怎么逃出这个结。（可别截肢啊！）

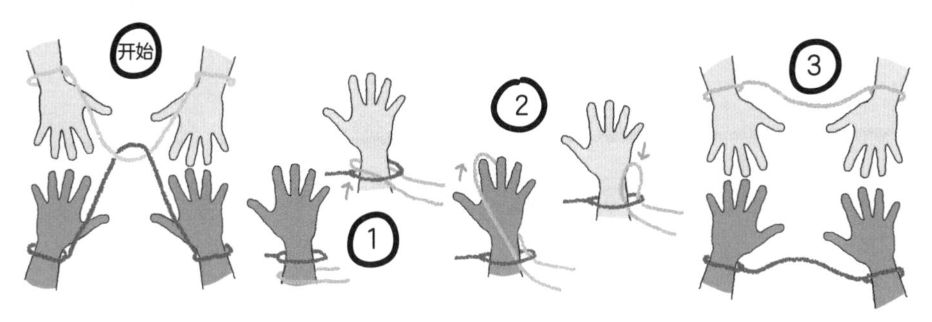


（1）把你的绳子的中间从对方手腕上的环的下面穿过，移到对方的手指位置；（2）然后绕过手回到手腕的部分；（3）你自由了。

4. **神奇的移动之结！** 在跳绳的时候，两手不离跳绳的两端就能将跳绳打一个结，这一定能让你的观众目瞪口呆。你只需要先将双臂交叉，两只手各拿起跳绳的一端，双臂回到身体两边，结就移动到跳绳上了。

家们需要提出新的想法。拓扑的另一个名字叫作‘橡皮筋几何’。在传统的欧几里得几何中，形状是固定的，只有所有条件完全相同，两个形状才一样。但当我们讨论拓扑的时候，就完全不是这么回事了。拿一个圆形，然后让它变形——缩小，拉伸，随你怎么揉搓。即使最后它看起来像一个正方形，只要你不在它上面剪切、粘贴，或者打洞，你就并没有改变它。”

山姆一边说，一边忙着剪长纸条。我很好奇为什么。他将一根纸条拧了半圈，再把两端粘在一起，然后把这个纸环递给拉夫："又一个拓扑的小魔术，这叫作'莫比乌斯带'。你说它有一面还是两面？"

"什么？"拉夫问。

"你在中间画一条线。继续画下去……现在你又回到了起点。看！"

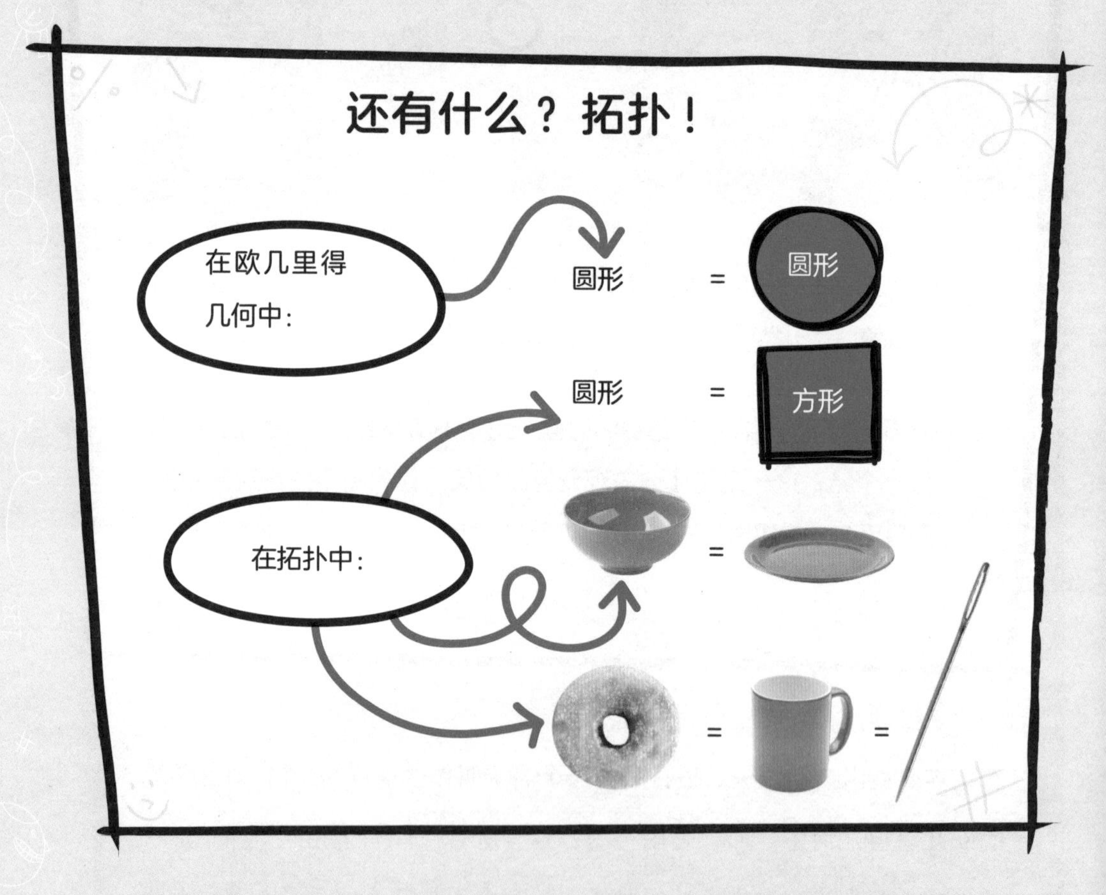


"太奇怪了！"拉夫惊呼，"我又没有翻面，是怎么在两面都画上线的？"

"就像我说的，我们觉得不寻常的现象，在拓扑学家眼里再正常不过了。"山姆说，"表面，里外区域，还有它们连接的方式，这就是拓扑学家研究的。"

## 手工 DIY：一面还是两面？

### 你选哪一面呢？

拓扑学家会告诉你纸条只有一面，然后反复向你证明。有反转！有惊喜！请见证神奇的莫比乌斯带！

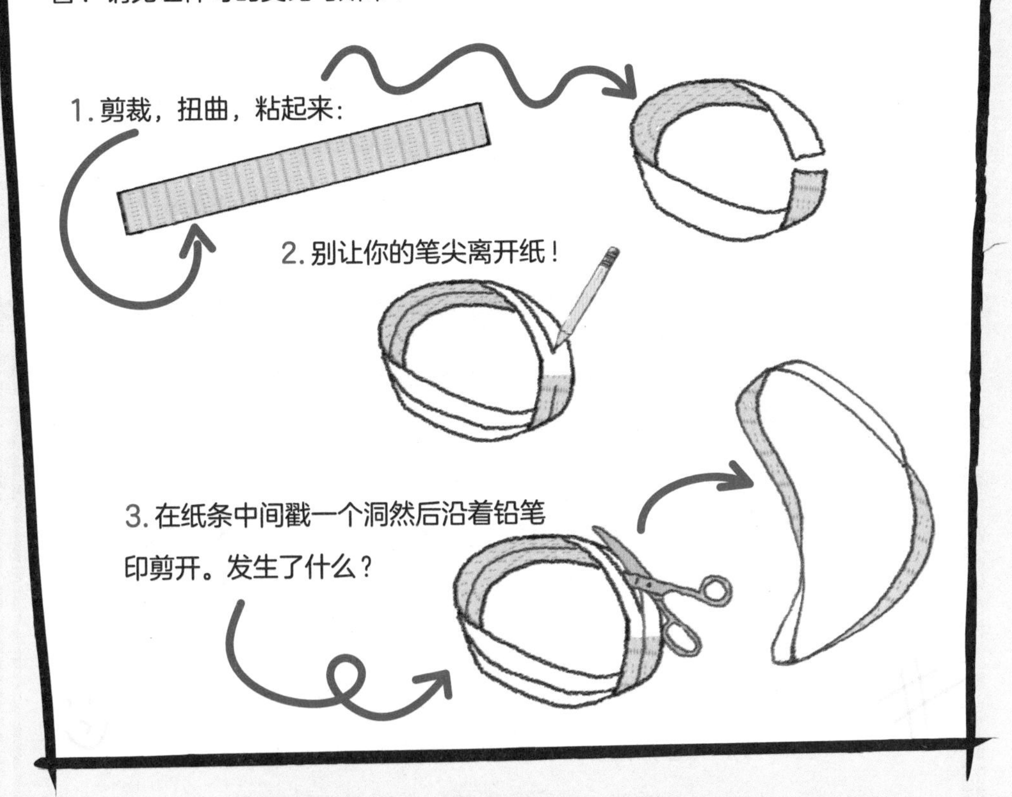


数学家菲利克斯 · 克莱因在莫比乌斯带的基础上更进一步创造出了只有一面的瓶子——克莱因瓶。克莱因瓶只存在于四维世界，不过艺术家们很喜欢创作 3D 的克莱因瓶作品——从克莱因瓶针织帽到克莱因瓶游乐设施。

“可为什么呢？”我问。

“拓扑学给了数学家新的思考问题的方式。比如，宇宙可不可能不是无限大的，而是像‘莫比乌斯带’那样首尾相连，没有边缘和分界呢？或者，什么是连接电路、计算机网络、手机信号、地铁线路等最好的方法呢？又或者怎么把一个迷宫简化，让出口显而易见呢？”

山姆又递给拉夫一个圈，这次绕了三圈半：“现在把它从中间剪开。”

“这都拧在一块儿啦。”拉夫抗议道，“会变成一个结的。”

“结没什么不好。”山姆说，“研究并解开数学中复杂的结能帮科学家

**杰瑞米讲解小知识**

寻找沃尔多真是乐趣无穷！以前（很久以前）我会慢慢地仔细查看每一页，这跟兰德尔·欧尔森完全不一样。这位人工智能研究者在七本“沃尔多在哪儿”系列丛书中，追踪沃尔多的踪迹，找出了沃尔多完全不可能（或者几乎不可能）出现的地方。不过他不在哪儿不重要——他到底在哪儿呢？如果想最快查找所有位置而不用回过头来反复看，可以用遗传算法。先用一些有可能的答案混在一起来产生新的解，随机将这些组合在一起增加多样性，然后在新的组里用最佳解继续重复这个步骤，一直继续下去。这样，算法不断处理答案，让好的解变得更优，直到最终找到正确答案。那答案是什么呢？我不会告诉你的！

们解释很多问题，包括基因链怎样交错和伸展，甚至可能可以解释整个宇宙如何运转。科学家们相信‘超弦理论’能解释这一切。这个万物理论（这名字可不是我瞎编的）说，宇宙是由极小的一维空间的弦在十维或者十一维世界中震动形成的。”

我知道一维是一条线，二维是正方形，三维是立方体，四维是超立方体……可是十维世界是什么样子的呢？太让人脑洞大开了！还好这时候拉夫打断了我的思绪。

“嗨，我没说错吧？”拉夫说着，举起他刚剪开的、现在打结了的环。

“那你喜欢这些魔术吗？”山姆问。

“当然啦！”拉夫说，“这绝对是好‘结’目。”

大家都嗯嗯了几声，甚至山姆也不例外，唯独雷克先生无动于衷。

“这些小把戏对有些人来说还凑合。”他说，显然，他还在找理由支持自己的禁令，“可是数学不仅仅是游戏和那些什么斐波、分形、phi 的玩意儿。数学全是复杂的计算和数字——太多数字了！”

这时候，那名记者说话了。“雷克先生，”她说，“显然你并没有被说服，不过我仍然想听听这些孩子的想法。”

她转向我，问道：“你之前好像对数学禁令并不反感，那现在怎么想呢？”

# 犯罪与质数

我此时对数学的看法又是怎样的呢？怎么说呢，山姆是我的好朋友，可是……嗯……我仍然不完全信服。

“好吧，这些确实挺棒的，可是……数字有点儿无聊。”我承认道。我刚才是跟雷克站在同一战线上了吗？我太差劲儿了！

“你说得对！”娜塔莎大声说，“数字是真的无聊，1、2、3、4……1加1等于2，2乘以3等于6，总是在意料之中，没有任何悬念。”

她会这样说大家也并不意外。娜塔莎非常迷恋悬疑小说，甚至觉得自己就活在一个悬疑故事里，所以她总是在寻找一些不为人知的作案动机，问一些特别八卦的问题。

山姆看上去很惊讶，也十分沮丧。“无聊？”他说，不由自主地提高了音量，“没有悬念？质数这样的数字呢？”

“无聊！质数有什么意思？质数就是大于1的数字中，除了1和自身以外不能被其他数整除的数。”娜塔莎噼里啪啦一口气说出了我们去年都得背的概念。

# DIY：质数时刻

**你想找到一个小的质数吗？小事一桩。**

**想要找到小的质数，就用埃拉托斯特尼筛法——一种古老的算法。**

1. 写出从 2 到 100 的所有数字（跳过 1，因为它绝对不是一个质数）。

2 3 4 5 6 7 8 9 10 11 12 13
14 15 16 17 18 19 20 21 22
23 24 25 26 27 28 29 30

2. 圈出最小的数字 2，然后在它的倍数上画叉。

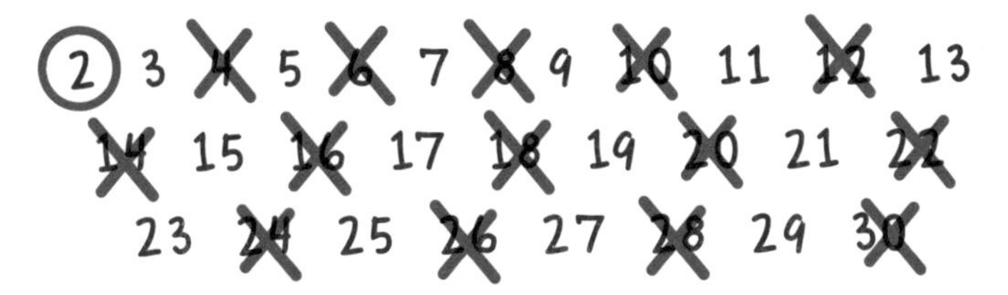


3. 圈出第二小的数字 3，然后在它的倍数上画叉。一直重复，直到你不能在任何数字上画叉。

4. 好啦，剩下的数字就是质数了。

“质数不但有趣，还很值钱呢！”

“多少钱？”娜塔莎问。

“多得不得了！”

“什么？为什么？”娜塔莎满脸不相信。

“对很大的质数来说。”山姆回答，“要确定一个数只能被 1 和自身整

## 杰瑞米讲解小知识

迫切地想要找到关于质数的一切规律吗？这些就是最接近的答案：

→ 绝对质数：不管你怎么交换各个位数上的数字，得到的数都是质数（如 337、373、733）。

→ 环状质数：当你将一个质数的首位数字移到最后一位，得到的新的数仍然是质数（如 1193、1931、9311、3119）。

→ 反质数：一个质数反过来还是质数（如 13 或者 1061）。

→ 双向反质数：一个质数各位顺序前后颠倒仍是质数，而这两个质数形状上下颠倒，得到的还是质数（如 1061 反过来是 1601；上下颠倒，得到的是 1091 和 1901）。

除是一件很大的数学工程。所以，有 15 万美元的奖金正等着颁给第一个找到一亿位数的质数的人。目前最大的质数有 17425170 位。第一个找到十亿位数的质数的人能得到 25 万美元的奖金。”

“挺不错嘛！”拉夫说，“是谁拿出那么一大笔钱？”

“是一个组织，他们希望普通人能一起用计算机来解决大规模的问题。”山姆说，“寻找质数需要好多台计算机一周 7 天、天天 24 小时不停歇地运作。”

“那又怎样呢？盯着计算机筛查数字？”娜塔莎说，“要我说，就是有点儿强迫症吧？”

“质数越大，制作密码时用处就越大。”山姆说。

**数字也能保障你的安全！**要是你想阻止网络黑客和信用卡盗窃，甚至是间谍——用两个很大的质数来制作你的密码。被广泛运用于保护网上信用卡交易及电子邮件安全的 RSA 加密演算法就是这样做的。将两个质数相乘得到一个半质数用于接下来的计算，来保护你网上的秘密信息。大部分的网络公司都用 2048 比特或者 4096 比特的密码。破译一个 768 比特（232 位数）的半质数需要上百台计算机花上两年的时间，所以我们的秘密是安全的……到目前为止。根据极小的分子的物理性质，具有颠覆性的量子计算机，能以让人难以置信的速度处理信息，不过现在还未准备好投入使用。

啊哈！山姆真是厉害——他正中娜塔莎痴迷悬疑这一点。

“这是什么意思？”娜塔莎问道，她一下子来了精神。

“密码和量子计算机？”雷克先生尖声说道，“我们可不是活在一部谍战小说里，这是个真实的世界，有真实的问题，就在我们生活的这个社区里。我倒想看看你那些花哨的数学概念能不能帮忙解决这些问题！”

“你说的是过去几个月的入室盗窃案吗？”娜塔莎问，“我姑妈一度以为他们已经破案了。窃贼挺笨手笨脚的，在好几家的房子里都留下了血迹。”娜塔莎的姑妈是我们镇上的警察局局长。

“DNA 证据，对吧？”我打断她说，“发生了什么？电视上都是这么破案的呀！”

**杰瑞米讲解小知识**

犯罪形态论可不可以解决荣誉盗窃案呢？450年前，法国数学家布莱瑟·帕斯卡运用一堆几层的数字回答了一个朋友的赌博问题。他运用的三角形基础的起源可以追溯到更久以前的印度、中国和波斯学者。欧洲的数学家对此也有所研究。可你猜最后谁得到了命名权？我们现在听到的是帕斯卡三角形。不过，在意大利叫塔尔塔利亚三角形，在伊朗叫海亚姆三角形，在中国叫杨辉三角形，都是毫无争议的。

数学家卡尔·高斯在10岁时就在数学上一鸣惊人：当有人让他计算从1到100所有自然数之和的时候，他把这些数分成50对，每一对的和是101（100+1，99+2等等），于是只需要计算101乘以50，他用几秒钟就得出了答案。

“可没那么简单，夏洛克神探，”娜塔莎说，“DNA比对能告诉你的只是犯罪现场找到的血迹和嫌疑人的血是不是有一样的DNA，具体地说，就是每个人都不一样的13对基因。据很多专家说，两个不同的人基因相匹配的概率是万亿分之一（除了同卵双胞胎以外），于是有人就以为基因匹配就一定意味着有罪！可是这种方法并不是完美的——受污染或者被破坏的DNA样本可能会使结果不准确。此外，还有不在场证明、动机和其他状况没有被考虑在内。”

“另外也别忘了，”山姆补充道，“你也得知道概率是怎么回事。”

“所以，正是因为DNA检测没有定论，我姑妈就派了更多警察在那个区域巡逻……就是‘热点危险地区’——你懂吗，就像你在侦探电视剧上看到的钉满图钉的地图。”娜塔莎说。

“也像你在谷歌地图上搜‘比萨’出来的结果！”我开玩笑说。

“没错，差不多。地图上的‘热点’和一簇簇热点的形态显示出近期发生的入室盗窃、偷车或帮派暴力，这能针对预防犯罪给警察提供很多信息。比如帮派领地从哪里开始到哪里结束，哪些地区最容易出现案件以及为什么，还有增加警力投入是会终止犯罪还是将犯罪地点转移到别处。”娜塔莎继续说，“我姑妈现在认为所有的盗窃案都是同一人所为，

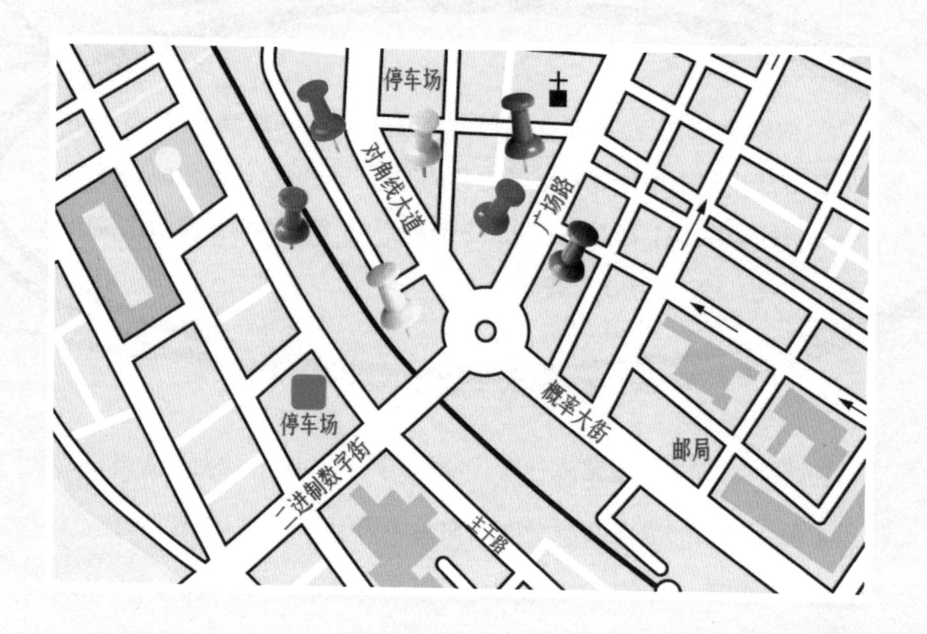


所以她正与一些人在大学见面做犯罪空间情报分析，这对破解连环作案非常有效。”

“啊，我听说过！”山姆说，“他们让数学家找出盗窃案地点分布的形态规律。在破解连环案中，这些分布规律虽然不能预测连环作案者的下一步行动，但可能找出罪犯居住或工作的地点。算法可以根据他行动区域和选择作案地点的分布规律来推算出概率。”

11 岁的创业者米拉·莫迪，有一个向人们出售安全密码的小生意。她用掷几个六面骰子得到一些随机的数字，然后找到数字对应的一系列英文单词，再组成简单易记却没有逻辑的句子。

# 斯里尼瓦瑟·拉马努金

（1887—1920）

对大部分数学家而言，生活中不仅仅只有数字，但是斯里尼瓦瑟·拉马努金一定不会苟同。他出生于印度，对数学的执迷很早就显现出来了：他一直从一本古老的著作中自学数学，直到他拿到奖学金进入大学。可是他唯一的兴趣就是数学，其他科目统统不及格。作为一个退学学生，他只能找到一份会计师事务所职员的工作。

后来他给英国数学家哈代写信寻求帮助。哈代最初还以为是诈骗，不过拉马努金写下的长长的、乱糟糟的一列未经证实的定理引起了他的注意，于是他邀请拉马努金去剑桥跟他一起工作。拉马努金到了英国，非常不适应那儿寒冷的气候。此外，第一次世界大战造成的食物短缺让这位素食主义的数学家营养不良——再加上他还常常忘记吃饭。不过虽然他的身体越来越差，他对数学的热情却在不断高涨。他生病住院的时候，哈代去看他，想找个话题，于是评论说他来时的出租车车牌号——1729——真是个无趣的数字。拉马努金虽然又疲惫又孱弱，但还是立马反驳说 1729 是能作为两组不同的数的立方之和（$10^3+9^3$ 或 $12^3+1^3$）的最小的一个数。拉马努金在回到印度后不久就去世了，当时他只有 33 岁。

“对！”娜塔莎说，“地图上显示，他可能出现的地点已经被警察大大缩小了。”

铃声响起，午餐休息时间已经结束了。山姆和大家都看了看雷克先生，“那么先生，你现在怎么看呢？”

**杰瑞米讲解小知识**

他潜伏在暗处，等待、窥伺……就是他了！一个潜在受害者进入了视野中，年轻、独行、毫无警觉。他完美地隐藏着，等待时机，当夜幕降临时，便开始他的伏击！

有一瞬间，我还以为自己被困在一个劣质的恐怖片里！可并非如此，我们说的是一个真实的伺机作案的小贼。通过犯罪空间情报分析，海洋生物学家发现大白鲨选择和捕杀海豹的方式竟十分诡异地近似于连环杀人犯跟踪、谋杀受害者的方式：二者都有特定作案手法，一定范围的作案地点，以及计划好的袭击（鲨鱼还是情有可原的，毕竟人家得填饱肚子啊）。于是犯罪学家与生物学家合作，通过研究鲨鱼、蝙蝠、蜜蜂、狮子和其他动物来帮助打击犯罪。毕竟人类也是哺乳动物的一种，犯罪空间情报的数学分析对我们都适用——研究蝙蝠得到的经验也能帮助追捕坏蛋。

## 9

# 结“数”之后

辩论就此结束了。山姆已经尽他所能了，可是足以扳回局面吗？数学课是否被取缔，拥有最终发言权的是雷克先生。不管你相不相信，我现在完全站在山姆这边了。我们所做的每一件事情，数学都是其中既重要又带劲儿的一部分，而且我发现数学其实还挺有趣的！我的确花了挺长一段时间才转变态度，不过我本就不是一个能轻易被说服的人。我确信所有同学，甚至奥斯卡，都站在我们这边了。雷克先生有什么理由不同意呢？

“这一个钟头的辩论挺有意思。”部长先生慢慢地说，“不过我不会改变我的主意，禁令将继续实行。”

“什么？”

同学们一片哗然。雷克先生为了让大家听到自己的声音，脸都涨红了：“不管数学看起来多么有用，对孩子们来说，学数学都太费劲、太复杂了。我这是为了你们好，总有一天你们都会感谢我的。”他大喊道。

他说话时，山姆一直保持沉默。“好吧，看来我还是没能说服你。”山姆终于开口说道，“那么，像我之前保证的那样，要是你愿意的话，从今天开始，我会在放学之后给你打工，不过你能不能提前支付我 30 天的工资呢？”

什么？山姆就这样放弃了吗？我向老师们投去求助的眼神——凯老师却不动声色，副校长也一样。看来真的没戏了。雷克先生点了点头，脸上又露出了得意的笑容：“当然啦，山姆。”好吧，现在他心情真不错。

“谢谢，雷克先生。”山姆回答道，“那我现在就计算出来。”

他走向刚才奥斯卡画画的纸板前，翻到空白的一页，画出了这个表格。

| 天数 | 当日工资 | 累计总工资 |
|---|---|---|
| 1 | 0.01 | 0.01 |
| 2 | 0.02 | 0.03 |
| 3 | 0.04 | 0.07 |
| 4 | 0.08 | 0.15 |
| 5 | 0.16 | 0.31 |

“不会吧！”拉夫惊呼道，“工作五天，山姆只能拿到 3 角 1 分钱？太不公平了！”

山姆继续往下写。

| 天数 | 当日工资 | 累计总工资 |
| --- | --- | --- |
| 6 | 0.32 | 0.63 |
| 7 | 0.64 | 1.27 |
| 8 | 1.28 | 2.55 |
| 9 | 2.56 | 5.11 |
| 10 | 5.12 | 10.23 |
| 11 | 10.24 | 20.47 |
| 12 | 20.48 | 40.95 |
| 13 | 40.96 | 81.91 |
| 14 | 81.92 | 163.83 |
| 15 | 163.84 | 327.67 |
| 16 | 327.68 | 655.35 |

“哇！”娜塔莎说，“山姆月中的时候就能赚到600元了！这可是一笔大数目。”

看到数字越变越大，诺顿老师的眉头越皱越紧。这时我才看出来——太妙了！雷克先生也看出来了——每增加一行，他都愈加烦躁。

**指数增长**：山姆在这里展示的是一个棋盘上的麦粒的故事。这个故事最早是由波斯诗人菲尔多西在1000年左右记录下来的。

| 天数 | 当日工资 | 累计总工资 |
| --- | --- | --- |
| 17 | 655.36 | 1,310.71 |
| 18 | 1,310.72 | 2,621.43 |
| 19 | 2,621.44 | 5,242.87 |
| 20 | 5,242.88 | 10,485.75 |
| 21 | 10,485.76 | 20,971.51 |
| 22 | 20,971.52 | 41,943.03 |
| 23 | 41,943.04 | 83,886.07 |
| 24 | 83,886.08 | 167,772.15 |
| 25 | 167,772.16 | 335,544.31 |
| 26 | 335,544.32 | 671,088.63 |
| 27 | 671,088.64 | 1,342,177.27 |
| 28 | 1,342,177.28 | 2,684,354.55 |
| 29 | 2,684,354.56 | 5,368,709.11 |
| 30 | 5,368,709.12 | 10,737,418.23 |

雷克先生脸上的微笑不见了。当山姆转过来把一个月的工资总数报给他时——将近一千万！——部长正在狂冒汗。

“你在，嗯，计算的时候，我又想了想。”雷克先生说道。

哈，赢了！

“可能我这个决定做得确实有点儿草率。”他继续往下说，“多花点儿时间学习其实也没什么不好，不管别人怎么说，数学还是挺有用的，对对，实际上，我内心一直都这么认为。我也不得不承认，数学不是我擅长的科目……”

这话不假！

“所以我还是希望你能考虑放学以后做这份课后工作，来帮我补补数学。”雷克先生对山姆微笑道，他马上又补充说，“当然，薪水我们还得重新讨论。”

于是，数学教育仍然在我们的课程体系之中。凯老师创办了一个数学社团，十分受欢迎。山姆、我、艾米丽、奥斯卡、珍、拉夫、娜塔莎，还有很多其他同学都加入了，甚至连诺顿老师都来帮忙了！你一定想不到我们都做了什么：迷宫和解谜游戏、高维度、纽结理论、逻辑和悖论、微积分、统计和博弈论，还有我之前连名字都没听说过的几何分支，等等。

我们都有自己的长远目标。

艾米丽想学生物动力学，数学将成为她的秘密武器。让她感兴趣的是，用数学来分析花样滑冰中的跳跃和高尔夫球挥杆等，并准确找到提高技术的方法。她也想计算出更省力或更符合空气动力学的方法来赢得自行车比赛。她甚至会设计一种程序，让她不多不少恰到好处地练习。不用多费力气就能赢的方法，我一定用得上！

奥斯卡觉得虚拟现实才是最值得研究的——只能看或者听都已经过时了，他想要的是全方位的体验。他想要制作真实到能让人忘记身在虚拟世界中的游戏。他自以为，他在艺术上的想法高级到必须亲自处理其中的数学问题——对于他这个天才来说自然是小菜一碟。或者他也可以成为动画片《辛普森一家》的顾问。（你可别说你不知道里面隐藏的数学元素！有一集里，荷马似乎找到了以无解而闻名的费马大定理！）他们的制片人和作者中有人之前是数学家，不过奥斯卡说，有了他的加入，他们的评分会稳居榜首。

珍还想继续做她的乐队。我有的时候不太能理解她的灵感——她会把一些数学概念，比如圆周率，转化成 MIDI 乐谱，然后演奏出来。但只要是珍想做的事情，她常常会付诸行动，要是她有一天登上金曲榜榜首，我一点儿都不会吃惊。她告诉奥斯卡，要是哪天他需要给他的游戏作曲，一定要联系她，因为她一直都热衷于试验各种数码电音。

拉夫仍然做着他的超级明星梦。我不知道他能不能美梦成真，不过他的表演确实进步了。他的笑话不差劲了，魔术还过得去，其实他抛球杂耍也玩得不错。可能是因为他学习了站点交换符号——用数学来分析抛球杂耍模式。自从听说科学家们正在研发一种会杂耍的机器人以后，他也开始考虑进军机器人技术了。

娜塔莎说她想成为一个密码学家或者密码分析员，就是制作密码或者破译密码的人，比如间谍之类的……我也觉得听上去确实挺酷的。不是的话，她也许会进入执法部门，因为她觉得犯罪空间情报分析绝对大有前途。

山姆呢，他说他从 5 岁起就想当一名物理学家。他想解答那些宏大的问题：什么是时间？太空长什么样？宇宙是怎么开始的？这类只有数学才能解答的烧脑难题。

我呢，就是那个最终解决万物理论的人的最好的朋友。除此以外嘛，凯老师说我能做一个很好的数学老师。我现在已经熟能生巧了，因为在山姆打开话匣子收不住的时候，我常常帮他翻译解释。我也用山姆举的

例子给小孩儿们展示数学很酷的一面。当新来的同学抱怨数学太难，或者在只有天才和怪才才学数学的时候，我就会给他们讲这个故事。你猜他们怎么说？

这是数学啊？哇——大开眼界了！

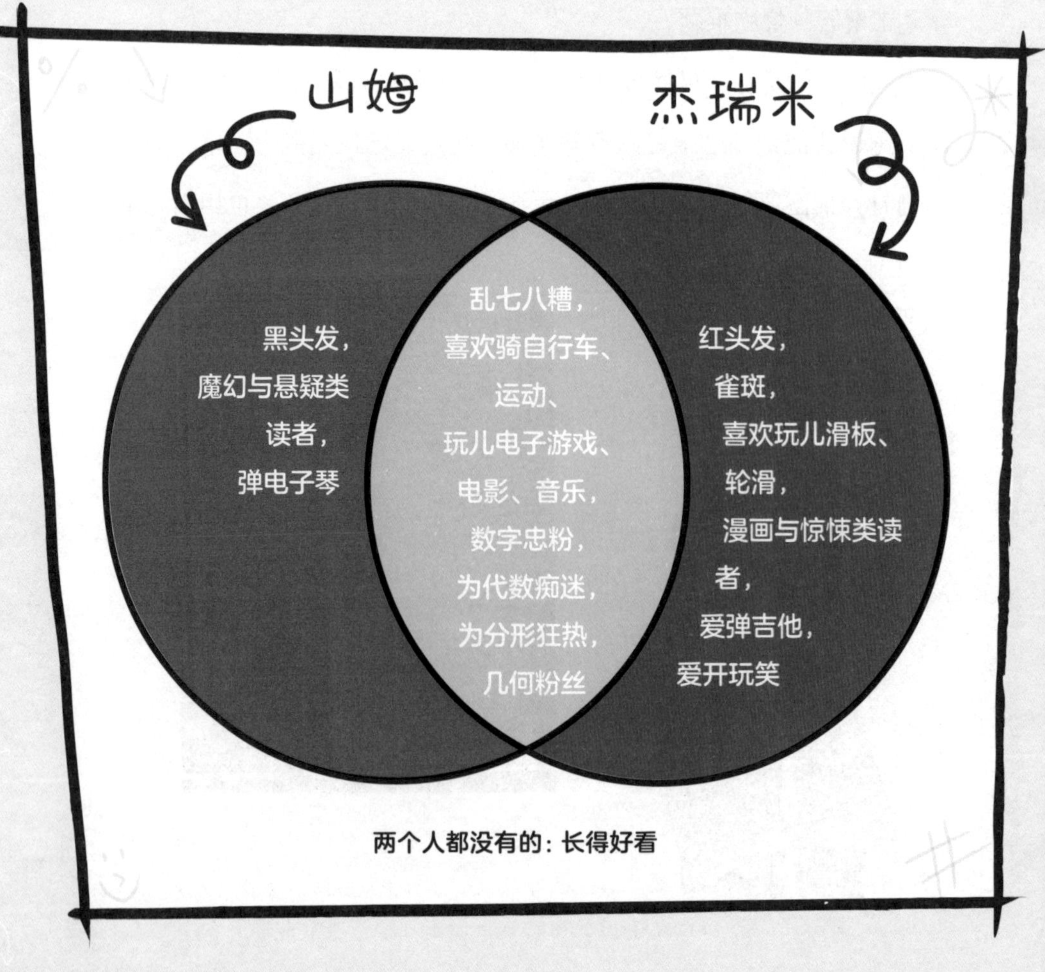

# 艾伦·图灵

（1912—1954）

艾伦·图灵——人工智能之父——对计算机能够思考这个设想十分着迷，并致力于寻找佐证。他提出了一个挑战：计算机能不能通过“图灵测试”？他的这个测试也叫作“模仿游戏”，理念的基础是，如果计算机真的足够智能，那么我们无法将它与真人区分开来。在现代的测试中，屏幕上会显示词句，然后人们需要判断是真人还是计算机在对话。如果他们无法判断，那么计算机就通过测试了。

图灵古怪，但风趣，有一点儿糊涂，擅长长跑，而且从小在数学方面就天赋异禀。在 20 岁出头的时候，他就已经开始设计图灵机——通用计算机的早期模型。在第二次世界大战期间，他被招募到英国布莱切利园，与优秀的数学家、密码分析员等不同人一起工作，破译让同盟军屡受重创的德国恩尼格码密码。战争结束以后，图灵又着手开发第一台储存程序计算机、人工智能，甚至最早的计算机国际象棋程序。他还研究了动物皮毛上具有数学规律的图案和植物结构中的斐波那契数列。

虽然你在网上填写验证码时能轻松通过“反向图灵测试”（用来确认用户为人类而非机器），可是到目前为止还没有一台机器能通过“图灵测试”。

这是我的
偶像！

# 解开不解之谜

10岁的安德鲁·怀尔斯钟爱数学题，而且沉迷于这个终极难题：几个世纪都不曾被证明的费马大定理。

17世纪的数学家费马在一本书的空白处写下了一行神秘的笔记：当整数n大于2，且$x$、$y$、$z$为大于0的正整数的时候，方程$x^n+y^n=z^n$没有正整数解。笔记上说，他能证明这个定理——可是书上的空白空间太小，不够他写出证明过程。28年后，费马去世了，却一直没写出他的证明过程——这就是不完成作业的后果！可是数学家们都无法抗拒这个挑战：要是费马能证明，他们也能。虽然所有人都失败了，可是这个过程帮助他们解开了很多其他数学难题。

怀尔斯十多岁的时候一直在研究这个问题，可是并没有什么进展。于是他把这个问题搁置一旁，而另一个与之相关的新问题却给了他一些灵感。1933年，令人振奋的消息传来了：经过7年的秘密研究，安德鲁·怀尔斯终于证明了费马大定理！不过数学家们找到了一个错误，于是怀尔斯又用了一年的时间来检查他的证明过程。他再次灵感迸发，这一次，他终于证实了这个号称无法证实的定理！费马果然是对的——当n大于2的时候，方程式$x^n+y^n=z^n$无解。

没错，就是我！

## 杰瑞米讲解小知识

这是第 0 行，这是第 1 行。确实有点儿奇怪，不过就是这样的。

每行相加得到 2 的幂

$2^1=2=1+1$

$2^2=4=1+2+1$

$2^3=8=1+3+3+1$

跟山姆赌注中的指数增长一样！

每一个数字都是它上方的数字的和。5=1+4

| | | | | | | | | | | | | | | |
|---|---|---|---|---|---|---|---|---|---|---|---|---|---|---|
| | | | | | | | 1 | | | | | | | |
| | | | | | | 1 | | 1 | | | | | | |
| | | | | | 1 | | 2 | | 1 | | | | | |
| | | | | 1 | | 3 | | 3 | | 1 | | | | |
| | | | 1 | | 4 | | 6 | | 4 | | 1 | | | |
| | | 1 | | 5 | | 10 | | 10 | | 5 | | 1 | | |
| | 1 | | 6 | | 15 | | 20 | | 15 | | 6 | | 1 | |
| 1 | | 7 | | 21 | | 35 | | 35 | | 21 | | 7 | | 1 |

嘿！这行正好可以用来佐证组合的例子。有 6 种味道的糖豆，数到第 6 行（记得要从 0 开始数）。如果一颗糖豆都不吃，就只有 1 种办法；每次尝一种味道，有 6 种方法；每次吃两种味道，有 15 种方法；而每次吃三种味道，有 20 种方法；每次吃四种味道有 15 种不同的方法；每次吃五种味道则有 6 种方法。当然了，一次吃 6 种味道只有一种办法。

高斯把每行数字相加的小把戏不算什么，用这个曲棍球轴，你也可以做到：1+2+3+4=10。

继续加行……帕斯长三角形可以永远持续下去。

# 词汇表

## A

**埃拉托斯特尼筛法**：古希腊数学家埃拉托斯特尼（约公元前 230 年）发明的一种寻找质数的方法。

## B

**百分比**：以 100 为分母表示的分数。

**半质数**：两个质数相乘所得的数。

**悖论**：指的是最终推导出不可能存在或有明显错误的结果的一种命题或推导方法。芝诺悖论就是一个很有名的例子。芝诺说，如果阿喀琉斯（希腊神话中的善跑英雄）跟乌龟赛跑，让乌龟先跑一段距离，那么阿喀琉斯永远都追赶不上乌龟。为什么？当阿喀琉斯到达乌龟起始的位置时，乌龟已经前进到了另一个点。这两位选手永远不可能到达同一点，因为他们之间的距离不管多近，都仍然剩下一点儿，而阿喀琉斯将永远追赶那一段无穷小的距离。不过在现实中，时间不能被分割成无穷小，而无限多个部分相加之和也不等于一个无限大的数。

**比例**：一种比较两个数字的方法，比如 2：1（也可以表示为 2/1，或者 2 比 1）。特殊的比例包括圆周率和黄金比例。

**表面积**：一个三维立体物体外部所有表面的总面积。

**博弈论**：数学的一个分支，可以分析娱乐性质的游戏，也能研究政治、经济、军事等领域中的策略和决策。

## C

CGI（计算机三维动画）：使用专门制作电影或特效的计算机软件完成的三维图像。

超方形：一个四维物体。也被叫作正测形。

超弦理论：超弦理论认为宇宙是极小的一维弦在十维或十一维空间中震动而形成的。

## D

代数：一个数学分支，等式中用字母及其他符号替代数字。

等角螺线：围绕着指定一点向外发散，且角度不变的弧线。在三维空间中则为螺旋。

迭代：把结果再次代入方程式的重复循环。

## F

反质数：一个质数反过来还是质数（如 13 或者 1061）。

非负整数：自然数与零（0、1、2、3……）

费马大定理：著名的数学定理，当整数 n 大于 2，并且 x、y、z 为大于 0 的正整数的时候，方程式 $x^n+y^n=z^n$ 没有正整数解。以数学家皮耶·德·费马（1601—1665）的名字命名。

分形：遵循一定数学规律、可以无限展开的几何形状，且每一个部分都是整体缩小的形状。代数分形是由不停地计算同一个方程式而形成。几何分形是通过重复运用同一个改变一个形状的规则而形成。

## G

概率：数学的一个分支，用数字来预测一个事件发生的可能性。

勾股定理（$a^2+b^2=c^2$）：直角三角形的两条直角边的长度的平方和等于斜边长的平方。（斜边是最长的一条边，也是三角形的直角正对着的那一条边。）

估计值：根据已知信息进行谨慎推测或给出的大致数值。

## H

航位推算法：一种用来推算直行或急转弯的船只或飞机位置的方法。只要时间、速度和方向可以测量，两次改变航向之间行驶的距离就能被计算出来。

弧：圆上的一段。

蝴蝶效应：混沌理论中一个有名的概念，说的是一个小小的干扰在复杂情况下经过一段时间能造成巨大的改变。

环状质数：当你将一个质数的首位数字移到最后一位，这个新的数仍然是质数（如 1193、1931、9311 和 3119）。

黄金比例：约等于 1.618……（无理数）的比例，常见于自然中，又称为黄金分割或者 phi（φ）。

黄金矩形：边长比例为 1 ： 1.618……的矩形。

回文：顺读和倒读都一样的数字、单词或短语。比如数字回文有 121 或者 34743。单词中的回文包括“madam（女士）”和“radar（雷达）”。

混沌理论：指的是永远在无规则变化的情况。虽然发生的一切都遵循特定的规律，但仍然不可预测，因为初始状态条件最微小的变化，经过一定长的时间，都能引起情况巨大的改变。

## J

基本花纹：在重复性的图案中，最基本的单位。

几何：数学的一个分支，研究不同空间的物体。欧几里得几何研究的是平面和立体（三维）的形状。几何的基本定理和规则是由数学家欧几里得（约公元前330—公元前275）提出的，于是便以他的名字命名。非欧几里得几何研究的是弯曲空间。

绝对质数：不管你怎么交换各位数的顺序，得到的数都是质数（如337、373、733）。

## K

克莱因瓶：一个封闭的平面，没有“内部”或“外部”之分，把瓶子的一端从瓶身的表面穿过，与另一端相连接而成。

## L

六边形：有六个角、六条边的平面图形。正六边形六个角的角度相等，六条边的边长也相同。

## M

MIDI（Musical Instrument Digital Interface的缩写，乐器数字接口）：使电子乐器和计算机能读懂同一套信息数据的标准通信方式。

密码分析师：破解由符号、字母或数字组成的秘密代码的人——破译密码的人。

**密铺**：用一些图形来填充一个表面，并且既不留空隙也不重叠。

**灭点**：平行线向远处延伸看上去相交的那一点。

**模式**：图形、设计，又或是数字（或者字母）有规律地重复。

**莫比乌斯带**：拓扑学中只有一面的物体。把一张纸条拧半圈，然后将两端粘起来，就可以做成一个模型。

## N

**纽结**：数学中的纽结是三维空间中首尾相连，没有两端的结。

## P

**Phi**：见黄金比例。

**帕斯卡三角形（杨辉三角形）**：按三角形的形状排列的数阵，每一个数都是它上面两个数相加之和，以 17 世纪法国数学家布莱瑟·帕斯卡（1623—1662）的名字命名。不过该三角形数阵早在约公元 1300 年就出现在一名中国数学家的著作中，而在此之前，印度和阿拉伯的学者也都发现了这个三角形。

**排列**：在一组事物中取出不同数量的个体，按照一定的顺序排成一列。又见组合。

**抛物线**：一种数学曲线，形状就像是水管向斜上方射出水柱，弧度到达顶点，然后下落，又比如抛球时球的运动轨迹。

**平方根**：算平方数时，与自己相乘的那个数。例如 3 是 9 的平方根，因为 $3\times3=9$。

**平方数**：一个数与它自身的乘积。例如 $4=2\times2$（也可以表示为 2 的平方，或者 $2^2$）。也可以理解为，排列成一个正方形点阵需要的点的数量。

平行线：永远不会相交的线，因为它们之间的距离永远保持不变。

## Q

七巧板：源自中国的一种几何拼图游戏，将一个正方形切成七片，可以用来重新组成各种形状和图样。

## S

三角测量：运用三角学根据三个点组成的三角形来测量距离的一种方法。

三角数：（1）正整数依次相加之和，例如 1、3、6、10、15、21。

（2）组成一个三角形点阵所需要的点的数量。任意两个连续的三角数之和是一个平方数。

射影几何：研究当物体投影在不同的表面上时，物体和它们的图像之间的关系的几何。（比如将 3D 的物体逼真地画在纸上。）

生物力学：分析生物系统动态和研究作用于该系统的力的科学。

十进制：以 10 为底数的数字系统，每一位数都是它右边那一位数的十倍。

实数：所有的有理数和无理数。

双向反质数：一个质数各位上的数顺序反过来是质数，而两个质数上下颠倒，得到的还是质数。（如：1061 反过来是 1601；上下颠倒，得到的是 1091 和 1901）。

算法：一系列数学指令一步一步排列，用以解决一个问题。

算数：处理计算问题的一个数学分支，包括加、减、乘、除。

随机数生成器：一种装置，用来公平地产生没有特定顺序或偏向性的数字。比如骰子、转轮或是专门设计的计算机程序。

## T

糖豆：用于试验排列和组合的有用工具，也是美味的零食。

体积：一个 3D 物体占据的空间。

透视：在二维平面上绘作三维物体影像时使用的方法。

拓扑学（又叫作橡皮筋几何）：数学的一个分支，研究当物体被弯曲、挤压、拉伸，但未被撕裂时，它的表面、区域和连接。

统计：数学的一个分支，对数据资料进行获取、分析和描述的学科。

## W

完全数：几个数相加与这几个数的乘积等于同一个数。6 是一个完全数：1+2+3=6，且 1×2×3=6。

万物理论：用来解释一切事物的理论。

网格球顶：由三角形或者多边形组成的框架结构。

微积分学：包括两种不同的数学——积分和微分。积分是一种计算复杂形状的面积和体积的方式。微分计算的是在不断变化的量，比如在车速不断变化的旅途中，你行驶的速度。

维度：用来描述物体所占据空间的类型的方法。一条线是一维的（1D）：长度。一个正方形是二维的（2D）：长度和宽度。立方体是三维的（3D）：长度、宽度和高度。数学家认为宇宙有 10 个或 10 个以上维度。

维恩图：在一个矩形中，用圆圈来表示几组事物以及几组事物间的关系的图表。

无理数：不能用分数表示的数，若将它写成小数形式，则小数点之后的数无限，且不循环（比如 π 或者 $\sqrt{2}$）。

无限（∞）：没有尽头，数字是无限多的，比如说，总有比你能想到的最大的数字更大的数字。

## X

小数：用小数点来表示的非整数。

虚数：实数与 i 的乘积，i 为 −1 的平方根（$\sqrt{-1}$）。i 是为了求负数的平方根而发明的，对于实数而言，理论上是不可能的。又见实数。

悬链线：一段很重的绳子或链条自然下垂时，两端之间形成的弧线。

## Y

遗传算法：一系列解决问题的步骤，将一组中最好的候选解混合在一起得到新的解。随机改变其中一部分，增加多样性，然后再用新一组中的最优解重复以上过程，直到找出最理想的解决方法。

有理数：可以用整数比（分数）或者小数表示的数字。（比如 0.25 或者 1/2。）

圆周率（π）：圆的周长与直径的比例，一个无理数，常常写作 3.142，不过已经被计算到了小数点后超过一兆位。

站点交换符号：一种记录抛球杂耍模式的方法。

## Z

折纸：折叠纸的艺术。

整数：所有的正整数和负整数（如 −3、−2、−1、0、1、2、3）。

直径：将圆形、椭圆之类的形状正好切成相等的两半的直线的长度。

指数增长：初始值很低，但随着总量变大而增加得越来越快的增长方式。

**质数：**比 1 大，但是只有 1 和它自身两个因数的数。

**周长：**围绕封闭图形（例如圆形或五角形）一周的长度。

**自然数：**我们平时数数时用到的那些数（如 0、1、2、3……）

**自相似：**不管放大多少倍，看起来都是一样的。

**组合：**在一组元素中进行抽取、组合，而不管其顺序。又见排列。